＼パーフェクトビアの社長が教える／

# ビールを最高においしく飲むためのルール

藤沼正俊

まえがき

# お店で飲む9割のビールは死んでいる

「おまえはもう死んでいる」

このセリフはとても有名なので、ご存じの人も多いと思います。そうです、往年の人気漫画『北斗の拳』の主人公であるケンシロウのセリフですね。

伝説の暗殺拳「北斗神拳」の継承者であるケンシロウにかかると、相手はそれと気づくことなく、すでにやられてしまっているわけです。

実は、これと似たようなことが、私が大好きな「ビール」業界でも起きています。

ここでもし私が、「日本のビールの9割はすでに死んでいる……」と言ったら、あなたはどう思いますか?

これは決して誇張ではありません。悲しいことではありますが、日本におけるビールの現状を見るにつけ、これは事実であると言わざるを得ません。

その証拠に、私たちが普段、飲食店や居酒屋などで飲んでいるビールの大半は、本来のおいしさがほとんど生きていない状態なのです。

ただし、日本のビール自体がおいしくないのではありません。むしろ日本のビールは、切磋琢磨《せっさたくま》を繰り返しながら、おいしさを追求し続けていることは間違いありません。

問題はビールを提供する側にあるのです。ビールを提供する側とはつまり、居酒屋やレストランなどの飲食店ですね。

ちゃんと提供すればもっとビールはおいしくなる。それにもかかわらず、提供されているビールの９割はすでに死んでいるのも同然です。

そして残念なことに、そうした事実はあまり知られておらず、「これがビールの味なんだ」と誤解している人も多いです。

その結果、「自分はビールがあまり好きではない」「どちらかというと苦手」「最初の1杯だけつきあいで飲んでいる」という人も少なくありません。

あなたはどうでしょうか？　本当に、いつも飲んでいるビールを、心からおいしいと感じていますか？　それとも、「もっとおいしくなるはず」と思っているのではないでしょうか。

自己紹介が遅くなりました。

私は東京・門前仲町の「PERFECT BEER（パーフェクトビア）」で、生きたビールをお客さまに提供することに命をかけている、株式会社PERFECT BEER代表取締役の藤沼正俊《ふじぬままさとし》と申します。

「日本のビールの9割は死んでいる」というのはまさに、そんな私の実感です。

きっと、あなたが普段飲んでいるビールも、提供する過程で、ビール本来のおいしさが損なわれていると思われます。

一方、正しい方法で提供されたビールは、「いままで飲んでいたものはなんだったんだ！」と思うぐらい、本当においしいです。「PERFECT BEER」で提供しているビールはすべて、そのようなビールになります。

では、どうすればビール本来のポテンシャルを発揮できるようになるのでしょうか。その具体的な中身については本書で詳しく解説していますが、ここで簡単にふれておくと、必要なことは次の４つです。

・ビール樽の鮮度管理
・サーバーの徹底したメンテナンス
・ガス圧の管理
・グラスの徹底した洗浄

これらの要素をクリアするだけで、本来のおいしさでビールを提供することができます。いかがでしょうか。予想していたより簡単だと思いませんか？

それにもかかわらず、残念ながら、これら４つのポイントを徹底しているお店は全体の1割程度といっても過言ではありません。
なぜ、おいしいビールを提供できないのか？
本書では、その謎を詳しくひもといていきましょう。

## 日本一おいしく楽しく飲めるビール屋の社長として

ここで少しだけ、私自身について紹介させてください。

私は、業界では「日本一おいしいビールを売っている社長」と呼ばれています。なぜ、そう呼ばれるようになったのか。きっかけは幼少期にさかのぼります。

私がビールに興味を持ったのは、まだ小さいときに、すぐそばで父が晩酌するのを見ていたからです。ゴクゴクとおいしそうに飲む父の姿を見て、「どうしてあんなにおいしそうに飲むんだろう」と不思議に思っていました。

その後、入学したのが農業大学の付属高校だったこともあり、ビールの製造過程に興味を持つようになりました。そして、東京農業大学に進学後、北海道網走市の北海道オホーツクキャンパスでビールの研究に従事したのです。具体的には、ビールの香りについて研究していました。

　また在学中には、マネタイズにインターン生として入社し、グルメメディア『favy（ファビー）』の立ち上げに参加しました。


　それから私の人生は紆余《うよ》曲折を経て、ビール業界にどっぷりとつかってきました。ブリューパブ（ビールの醸造施設が併設されているパブ）に勤めたり、大手酒屋のカクヤスや居酒屋チェーン鳥貴族でアルバイトしたりなど、それこそ毎日ビールに関わる仕事を経験してきたのです。

　そして、キリンビールマーケティング（現・キリンビール）に入社後、東京・世田谷エリアの約３６０店舗を担当し、ビールサーバーのメンテナンスや新商品の提案やメニュー作成などの業務に従事してきました。

　そうこうしているうちに、ビール業界の現状を知り、「本当においしいビールを多くの人に提供したい！」と強く思うようになったのです。

ところが、手元資金が0円だったので、そのままでは起業できません。そこで、クラウドファンディングを活用して新店舗をオープンする資金を募ったところ、なんと、３６７万９６４０円もの資金が集まりました。その２カ月後にはパーフェクトビールを設立しました。

その後、キッチンカーを購入し、イベント出店から事業を広げていきながら、２０１７年には直営店をオープン。２０１９年までに６店舗まで事業を拡大しました。

ところが、突然事業が赤字に転落してしまいます。

原因は、ビール専門店以外の事業に手を広げすぎてしまったことが挙げられます。一気に売り上げが下がり、毎月の赤字がかさみました。

そして、２０２０年にはすべての店舗の経営を売り払う決断をしました。この時点で借金は６０００万円。28歳にして住所不定無職。おまけにバツ２。人生のどん底にいるような気持ちになりました。

「落ちるところまで落ちたのだから」と開き直った私は、「おいしいビールを売る」

という原点に戻ることにしました。

そのたった一つの目的のために、キッチンカーを運転し、おいしいビールを販売しながら日本一周の旅に出たのです。

住んでいたアパートはすでに引き払っていたので、1年間住所不定のキッチンカー生活を続けました。

私は日本中を放浪しながらも、徹底的にビールのおいしさにこだわりました。

そして、日本一周している間にお金をためて、２０２１年にビール専門店「PERFECT BEER GARDEN TOKYO」を東京・門前仲町にオープンさせることができたのです。

口コミでお客さんを呼び、人気店となることができました。翌年にはすぐに2店舗目も出店しました。

「おいしいビール」といっても、私は世界の珍しいビールを提供するのではなく、誰でも手に入るビールをおいしく飲む方法を求めました。それは、どんなビール店でも実現することができます。

その手法を用いてフランチャイズを募ったところ、すぐに手を挙げてくれた人たちがいて、本書執筆時点（２０２４年2月）において、フランチャイズ店11店舗、他にもいくつか話が進行しています。


たくさんの苦労もありましたが、おいしいビールの輪が広がっているのを肌で感じることができています。

本書では、そんな私の経験を踏まえ、おいしいビールを飲むために知っていただきたいことをまとめました。ぜひ楽しみながら読み進めていただければ幸いです。

# 目次

## 第2章
## ビールで肥満予防。実は身体によい、ビール健康法



## 第3章
## なぜ日本人は「とりあえずビール」でカンパイするのか？

## 第4章

# 日本全国、おいしいビールが飲めるお店12選

# 第1章
# 日本の9割以上のビールがピルスナーだった

# ビールの種類はたった2つだけだった

ご存じのとおりビールは、世界中で親しまれている飲み物です。

キリンホールディングスが行った調査によると、**２０２２年時点において、世界のビール消費量が21年比２・９％増の約１億９２１０万キロリットルになったとのこと。**これは、東京ドーム約１５５杯分に相当するそうです。

では、どこの国がもっともビールを消費しているのでしょうか。

同調査によると1位は中国で、中国が1位を記録するのは20年連続です。やはり人口が多い分、それだけビールを大量に消費しているということでしょうか。

続いて2位につけたのはアメリカ。たしかに、「バドワイザー」や「ＩＰＡ」など、日本でもよく知られているビールがアメリカ産のものですよね。

3位以降については、順にブラジル、メキシコ、ロシア、ドイツ、ベトナム、イギリス、スペイン、そして10位に日本となります。意外なのはドイツで、〝ビール大国〟

というイメージがあるものの、６位止まりとなっています。

ただ、「１人当たりの消費量」となるとまた話が違ってきます。

ビールの１人当たり消費量のトップは、30年連続という長きにわたってトップに君臨するチェコ。大瓶（６３３ミリリットル換算）２９７・７本分を消費しているそうです。日本は大瓶54本分なので、その差は5倍以上にもなります。

続いて、2位にはオーストリア、3位はポーランドとなり、やはり欧州でビールがたくさん飲まれているようですね。ドイツは7位につけていました。ちなみに日本は56位です。

ビールがよく飲まれている国の特徴として、「水よりも価格が安い」ということが挙げられます。ドイツをはじめベルギーやルクセンブルクなどで、水よりも安く売られているようです。日本ではちょっと考えられませんね。

では、世界中のビールにはどのくらいの〝種類〟があるかわかりますか？

「数えきれないくらいあるのでは」という人もいると思いますが、**実は、ビールの種類は大きく分けると「ラガー」と「エール」の2つしかありません。**

それ以外の「ピルスナー」「ヴァイツェン」「ペールエール」などの分類は、厳密には「ビールの種類」ではなく、風味や香りの違いで〝スタイル〟と呼ばれるものです。このスタイルは、１５０以上あるといわれています。

つまり、たった2種類しかないビールから、味や香りや色が変化して１５０以上もの豊富なスタイルが生まれたのです。

ちなみに、ラガーとエールで何が違うかといえば、発酵の仕方にあります。ラガーは「下面発酵」、エールは「上面発酵」で生まれるビールです。

ラガーの特徴はキレがよく、すっきりとしたのどごし。代表するビアスタイルはピルスナーで、日本でつくられているビールの9割以上がラガーです。

それに対してエールは味わいが深く、フルーティーで豊かな香りが特徴です。ラガーはゴクゴク飲むのに最適で、エールはじっくりと楽しむビールといってもよいでしょう。

このように、さまざまなスタイルの中から自分の好きな味と香り、その日の気分に合わせたビール選びをするのがおすすめです。

## エールとラガーの違い

エールとラガーで何が違うかといえば、発酵の仕方にあります。原料のホップと麦と水を、エール（イラスト左）は、「上面発酵」（約20℃）、ラガーは「下面発酵」（約５℃）で行います。これによって、エールは香りが立って深い味わいに、ラガーはキリッとしたのどごしのビールになるのです。

Q. ビールはどうして世界中に伝わったのですか？
A. 諸説ありますが、とくに影響が大きかったのは、ビールの製造方法が進化したことだと思います。中世までは高温の醸造法である上面発酵のエールビールしかなく、腐敗しやすかったために涼しい時期にしかつくられていなかったようです。それがドイツで下面発酵のラガービールが誕生したことによって、低温で長時間にわたって貯蔵と発酵が行えるようになり、安く大量に製造できる道が開かれました。

# なぜピルスナーが日本で一番飲まれているのか？

数あるビールの中でも、日本で一番飲まれているものといえば、ラガーの中の「ピルスナー」です。

**日本で流通しているビールの99％がピルスナーに分類されるともいわれています。**いわゆる黄金色のビールです。アルコール度数は低めで、キレのある爽やかなのどごしとホップ特有の苦味がその特徴となります。

ラガービールとしてよく知られるものとして、キリン「一番搾り」や「キリンラガー」、アサヒ「スーパードライ」、サッポロ「黒ラベル」など、身近なものがたくさんあります。

ちなみに、「ヱビスビール」や「オリオンビール」などもすべてピルスナーに分類されます。

海外のもので、日本でよく見かける「ハイネケン」や「バドワイザー」なども、もちろんピルスナーです。

一方で、「ギネス」などはラガーではなく、エールビールになります。珍しいこともあり、見かけると「おっ。ギネス飲んでるんだ！」となりますよね。

さて、そのように日本ではメジャーなピルスナーですが、これは、19世紀にチェコのピルゼンで誕生した「ピルスナーウルケル」にその起源があるといわれています。

ラガービールが誕生する前は、上面発酵のエールビールが主流でした。それが、ドイツで下面発酵によるラガービールが開発されたことにより、ビールづくりが大きく進化したわけです。

具体的には、高温で短時間の貯蔵と発酵から、低温で長時間の貯蔵と発酵へと変わったわけですね。その結果、管理がしやすくなりました。

ラガービールの製造工場は、現在のチェコにまで広がり、そこで製造されたのがピルスナーの起源というわけです。

ピルスナーが誕生したのち、19世紀後半には、デンマークのカールスバーグ研究所において酵母の抽出方法がさらに進化を遂げます。

発明したのはエミール・クリスチャン・ハンセン。ビール界隈《かいわい》ではちょっと知られている人です。

彼は、パスツールの理論を応用して、酵母の純粋培養法を確立しました。その結果、ビールをつくるための酵母を容易に入手できるようになったのです。

そうした研究の貢献もあり、**職人が手間ひまかけて製造する必要がなくなり、より安価に、そして大量においしいビールがつくられるようになりました。**

こうしてピルスナーは、世界中で愛されるビアスタイルへと成長していったわけですね。

ピルスナーには、「アルコール度数が低いので飲みやすい（たくさん飲める）」「保存しやすい（管理しやすい）」「品質がよい」「品質を保ちやすい」といった特徴があります。

一方でエールビールは、いわゆる「クラフトビール」などとも呼ばれているように、小規模の醸造所でつくられているビールです。イギリスやベルギーなどで好んで飲まれてきました。

またアメリカでは、規制が緩和されたことによって一気に広がったといわれています。とくにアメリカでは起業したい人が多く、エールビールはそのための素材として最適だったのかもしれません。

日本にも、そのおいしさに出会った人が積極的に伝えており、次々に新しいブランドが誕生しています。芳醇な香りがあり、酸味が強く、フルーティーかつ独特の味わいを楽しめるのがその特徴です。

ラガーのピルスナー以外のビールを飲んでみたいという人は、ラガーとエールの違いを踏まえつつ、いろいろなスタイルを楽しんでみるとよいでしょう。

Q. エールビールはぬるくてもおいしく飲めますか？
A. エールビールの中には、ややぬるい状態で楽しまれているものがあります。エールビールは香りが高く、味わいもさまざまなので、ワインのようにゆっくり楽しめるものもあります。もちろん好みによって飲み方は異なりますが、「ビールは必ず冷やして飲む」という常識は、エールビールには当てはまらないと考えてよいかもしれません。それだけに、ビールの楽しみ方は千差万別なんですね。

# ビアスタイル、基本の6

ここでは、主要なビアスタイルについて見ていきましょう。主に、次のようなものがあります。

**・ピルスナー〈ラガー〉**

ラガーの代表ともいえるピルスナーはチェコで生まれたビアスタイルです。黄金色の見た目は、多くの人にとってなじみがあることでしょう。**ホップの香りとほどよい苦味がある定番のスタイルであることに加え、「爽快なのどごし」というビールの特徴を印象づける役割も果たしています。**

**・シュヴァルツ〈ラガー〉**

南ドイツ発祥のラガーに「シュヴァルツ」があります。ドイツ語で「黒」を意味するビアテイストで、市販されている「黒ビール」などはこのシュヴァルツであることが多いです。

**・デュンケル〈ラガー〉**

同じく南ドイツ発祥のラガーに「デュンケル」があります。シュヴァルツほどは暗くなく、やや明るい色みが特徴です。味は濃厚で、甘さと香ばしさがほのかに残るビアスタイルです。

**・ペールエール〈エール〉**

**いわゆる「クラフトビール」のうち、もっともポピュラーなものの一つが「ペールエール」です。**発祥はイギリスですが、主流となるのはアメリカのもので、果実感のある香りが特徴です。オレンジやレモン、グレープフルーツをはじめとする柑橘系の香りがエールならではのうまみをもたらしてくれます。

### ・IPA（インディア・ペールエール）〈エール〉

ペールエールとともに人気があるのが「ＩＰＡ」です。「インディア」という名前のとおり、インドへ輸送する際に防腐効果を高めるべく、アルコール度数を高めた結果生まれたビアテイストとされています。フルーティーな香りがあるのはペールエールと同じですが、好みに応じてさまざまなバリエーションを楽しめるのが特徴です。

### ・スタウト（黒ビール）〈エール〉

「ギネスビール」をはじめとした、いわゆる〝黒ビール〟の主流が「スタウト」です。飲み口はドライなのですが、泡は非常にきめが細かく、そのコントラストを楽しむことができます。また、焙煎《ばいせん》による独特な風味もスタウトならではのよさの一つで、コーヒーやチョコレートが好きな人にもおすすめです。

## ビアスタイルによる味の違いは？

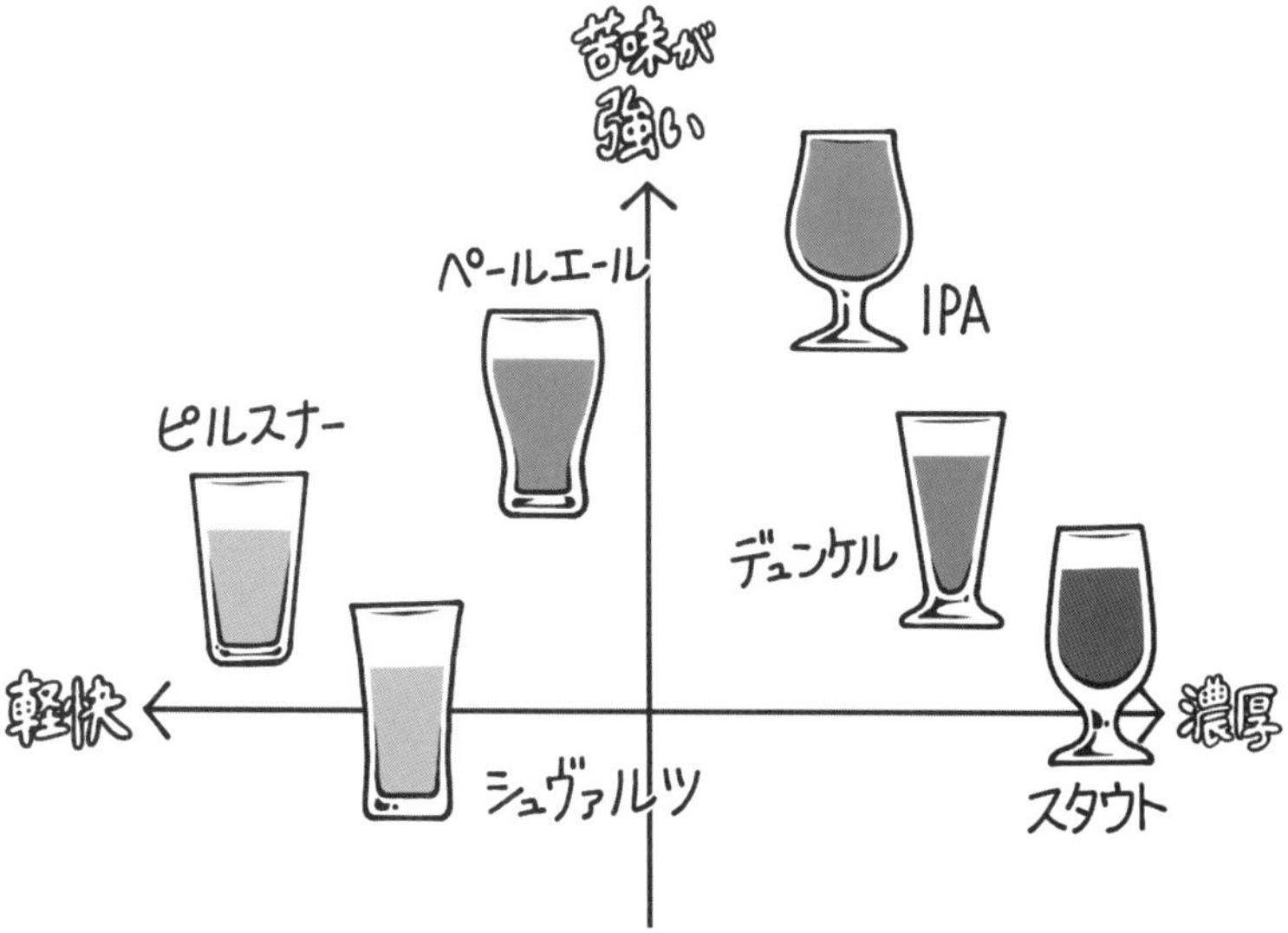


24～26ページで挙げた6つのビアスタイルの味わいをチャートにしてみました。縦軸が「苦さ」で上にいくほど苦味が強くなります。横軸は「濃さ」です。「飲みやすさ」は左にいくほど軽く、右にいくほど重くなります。

Q. 世界にはどのくらいのビアスタイルがありますか？

A. ビアスタイルは、原料や醸造方法によってさまざまな組み合わせがあります。本項で紹介したのはその一部で、世界に存在するビアスタイルは150種類以上ともいわれています。それだけに、各国でビールが楽しまれているのですね。ただ基本としては、上面発酵のエールと、下面発酵のラガー、あとはそれ以外があると思っておけばよいでしょう。

# 1割しかないエールビールで日本人好みはどれ？

ここで、エールビールについて詳しく見ていきましょう。

エールビールの特徴としては、「上面発酵」で醸造されていることにあります。大麦麦芽を使用し、酵母を高温かつ短時間で発酵させることによってフルーティーな香りと味わいになります。

上面発酵についてより詳しく紹介すると、温度は15～20℃前後で発酵し、発酵期間は3～4日です。その際、炭酸ガスを出しながら酵母が浮かび上がってきて、上のほう（上面）に層ができるわけですね。

また**発酵時には「エステル」という物質を大量に生成し、それがエールビールならではのフルーティーな香りをもたらします。**もちろん香りだけでなく、ラガーと比べると甘みがあるため、女性にも好まれやすいのが特徴です。

どちらかというと、一般に知られているビールよりは、まるで〝ワイン〟のように楽しめるのがエールといってもよいでしょう。香りをじっくり楽しみながら飲むのって、なんだか素敵ですよね。

エールビールの香りは、よくフルーツに例えられます。リンゴや洋梨、バナナ、パイナップル、マンゴーなど、香り豊かなフルーツをイメージしてもらえるとわかりやすいと思います。

ラガーが普及するまでは「ビール」といえばこのエールでした。それまでは上面発酵のほうが簡単で、かつ一般的な製造方法だと思われていたのですね。

しかし、ラガーの下面発酵は低温・長期間です。しかも、貯蔵工程で熟成させています。そのため雑菌の繁殖を防ぐなどの管理がしやすく、容易に大量生産することができます。

その結果、ラガーのほうが優れていると考えられるようになり、ビールの主流となっていったのですね。

では、エールビールにはどのような銘柄があるのでしょうか。

**王道として挙げられるのが「ペールエール」と「ＩＰＡ」です。**この２つを押さえておけば、エールビールの特徴をつかみやすくなると思います。

このうちペールエールは、18世紀にイギリスで誕生したといわれています。その背景となったのはビール麦芽への課税で、醸造所では、麦芽の量を減らしてホップを増やしたビールを積極的につくるようになりました。そうして生まれたのがペールエールというわけです。

一方、ＩＰＡも18世紀ごろにイギリスで誕生しています。インドに輸送する過程でアルコール度数を高めてつくられたことはすでに述べたとおりです。

ＩＰＡの特徴として押さえておきたいのは、アルコール度数がやや高いこと（おおむね５・５〜７・５％）に加え、強いホップの苦味があることです。それがパンチの強さとなり、従来のビールでは物足りない人からも支持されています。

ＩＰＡにはさまざまなバリエーションがあり、ホップを倍使ってアルコール度数をさらに高めた「インペリアルＩＰＡ」やそのさらに強いバージョンの「トリプルＩＰＡ」、さらには「フルーツＩＰＡ」や「コーヒーＩＰＡ」など、香りが特徴的なものも多いです。

## メジャーなエールビール３種

スーパーやコンビニで存在感を放つようになってきたエールビール。薄い黄色の「ヴァイツェン」は、フルーティーな香りが特徴です。「IPA（インディア・ペールエール）」は、原料のホップの苦味と香りを味わえます。いわゆる黒ビールである「スタウト」は、コーヒーやチョコレートのような濃厚な味わいが楽しめます。

Q. エールビールを飲むときにはどのように選ぶとよいでしょうか？
A. 基本的には好みで選んで問題ないのですが、とくに初心者の人は「イングリッシュorアメリカン」をベースにして選ぶとよいでしょう。イングリッシュは麦芽ならではのうまみとコクを楽しむことができますし、アメリカンのほうがホップの香りと苦味を味わうことができます。なかには苦味が強いエールビールもあるので注意しましょう。

# 地ビールとクラフトビールの違いは？

地ビールやクラフトビールとはどのようなもので、どのような違いがあるのでしょうか。ここで簡単に紹介しておきましょう。

そもそも**地ビールとクラフトビールには、明確な違いがありません。ともに、小規模の醸造所でつくられたビールという意味になります。**大手のビールメーカーではなく、小さな醸造所でつくっているのがポイントです。

かつては、小さなビール工場でつくることはできませんでした。なぜなら、年間２０００キロリットルつくらなければならないという制限があったためです。

しかし、１９９４年４月の酒税法改正で、規制が緩和されたことによって、小規模の醸造所でもビールをつくれるようになりました。

その結果、地域ならではの「地ビール」が各地で誕生することになります。

ただ近年では、そのようなビールを「地ビール」ではなく、「クラフトビール」と呼ぶことが多いようです。なぜでしょうか？

その理由の一つに、「地ビール」という言葉の持つイメージを変えることが挙げられます。いわばイメージチェンジです。

もともと日本の地ビールは、その醸造所ならではのビールを買えるということで、お土産に買っていくイメージが強かったのです。

一方で、「お土産ならおいしくなくても仕方ない」という印象があったことも事実で、各醸造所ではそうしたイメージを払拭するべく改良を重ねていきました。

そして、２０００年代に入るとアメリカでクラフトビールの人気が伸びてきたこともあり、日本でも地ビールをクラフトビールと呼ぶようになりました。そうして従来のイメージを変えようとしたわけですね。

もともとアメリカは起業大国でもあり、小さな醸造所でつくるクラフトビールはそのきっかけになりやすかったのです。

やがて日本でも、同様の発想でクラフトビールを手がける醸造所が増え、お土産だけでなく、一般のビール市場にも参入していきました。

もちろん醸造所や販売元だけでなく、メディアやＳＮＳがもたらした影響も大きかったと思います。従来の地ビールをクラフトビールという真新しい名称で売り出すことで、ビール市場の活性化にもつながっていきました。

２０１０年代に入り、小さな醸造所だけでなく、大手のビールメーカーもこぞってクラフトビールを手がけるようになりました。そうした経緯もあって、地ビールとクラフトビールという言葉の定義はあいまいなままになっています。

ちなみに地ビールは、「地域（に根ざした）」という意味の「地」を冠しており、一方のクラフトビールは「工芸品（クラフト）」という言葉がその語源となっているようです。

## 日本の主なクラフトビール

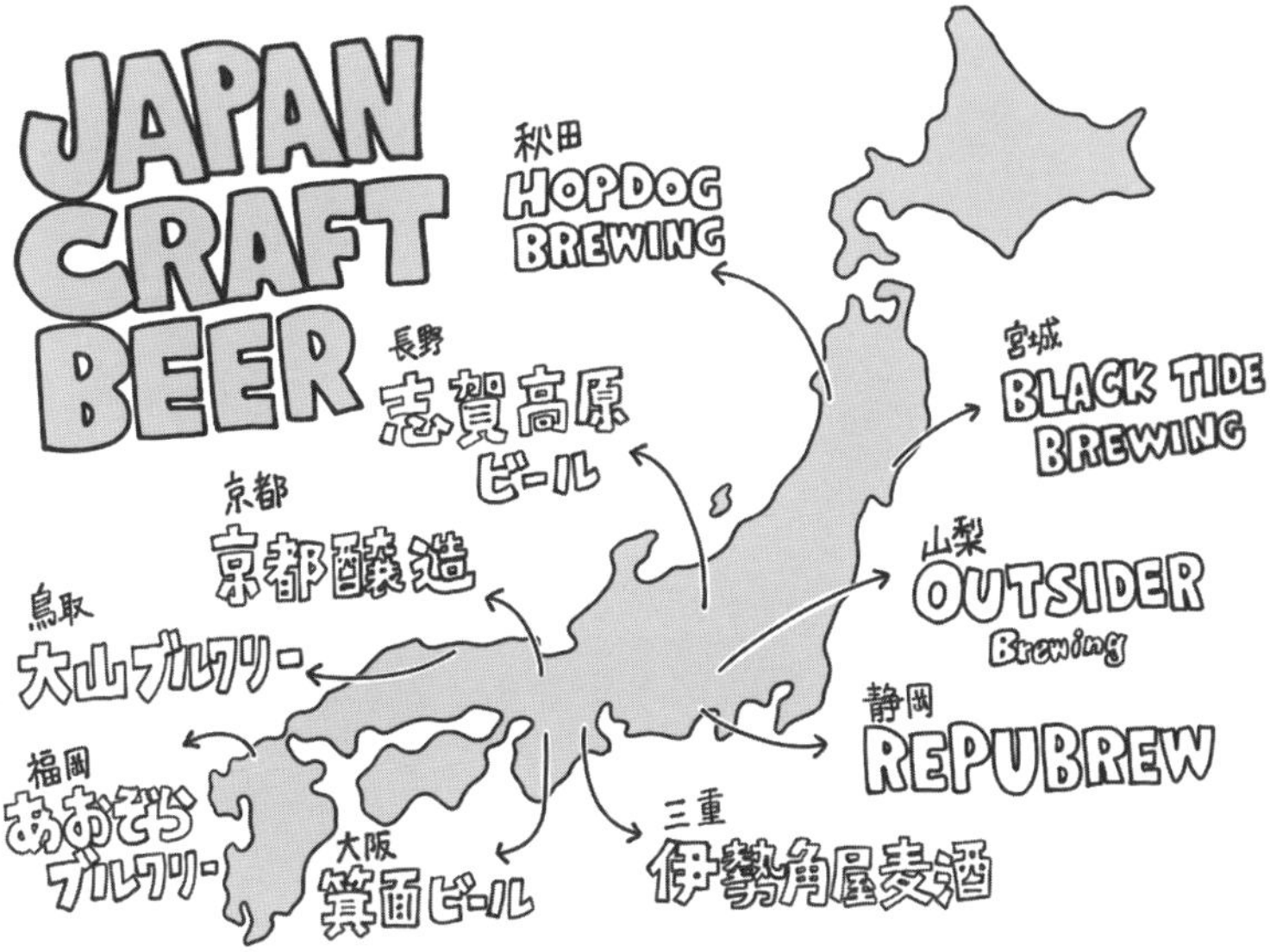


ここ数年、日本でもブルワリー（ビール醸造所）の数は増加しており、いまでは700以上のクラフトビールのブルワリーがあるとされています。人気のある10のブルワリーを紹介します。クラフト＝工芸品という名のとおり、それぞれ特徴が異なるので飲み比べてみるのも楽しいですよ。

Q. クラフトビールの原料は普通のビールの原料とは違うのですか？
A.「ホップ」「酵母」「モルト」「水」という４つの主原料は同じです。ただ、地ビール・クラフトビールの場合、使用している副原料の違いによって味や香りに違いがあります。例えば、米やとうもろこし、さらには馬鈴薯《ばれいしょ》を使用したものもあります。味や香り、見た目などから自分の好みの銘柄を見つけてみましょう。産地の違いを知るのも楽しいですよ。

# これだけ覚えればOK、ビールを表す用語一覧

ここでは、「知っておきたいビール用語」をいくつか紹介していきましょう。

**【ホップ】** ビールの原料である「ホップ」は、アサ科カラハナソウ属のつる性の多年生植物の一種です。つる状に伸びていき、その高さは7～8mに達することもあります。見た目は鮮やかな緑色で、ビールの原料として使われるのは受精していない雌株の果実です。

**【モルト】** 発芽した麦（大麦）を「麦芽」と呼びますが、英語では「モルト」といいます。ビールにも関連する用語ですが、「シングルモルト」など、ウイスキーでもよく聞かれる用語です。ちなみにアルコールをつくる過程では、大麦を発芽させることによって「糖化」し、それによってでんぷんを糖分に変える必要があります。

**【一番搾り麦汁、二番搾り麦汁】**「麦汁」とは、麦芽を釜に入れてお湯とホップを加えてできた〝汁〟のことです。いわば「発酵前のビール」ですね。このうち、最初に出てくる麦汁を「一番搾り麦汁」、さらにお湯を加えてろ過した麦汁を「二番搾り麦汁」と呼びます。とくに一番搾り麦汁はさっぱりとした味わいが特徴です。

**【酵母】ビールの発酵に使用されるのが「ビール酵母」です。酵母とは微生物の一種ですが、それがビールの発酵段階で使用され、私たちが普段飲んでいるビールになります。**ビール酵母には必須アミノ酸やタンパク質に加え、ビタミン、ミネラル、さらには食物繊維などの栄養素を豊富に含んでいることもあり、ビール酵母を含んだサプリメントも販売されています。その点、ビールにも栄養効果があるわけですね。

**【注ぎ方（一度注ぎ、二度注ぎ、三度注ぎ）】ビールは注ぎ方によって味や香り、見た目に違いが出てきます。**そのうち、とくに缶ビールをコップに注ぐときのテクニックとして、「一度注ぎ」「二度注ぎ」「三度注ぎ」などがあります。その名のとおり、1回で注ぐのが一度注ぎで、2回で注ぐのが二度注ぎ、3回で注ぐのが三度注ぎとなります。泡の違いだけでなく、コクやキレにも差が出てくるため、好みの注ぎ方をマスターすれば自宅でもおいしいビールを飲めるようになります。

**【生ビール】** ビール酒造組合の「特定用語の表示基準」にも記載されているように、生ビール（ドラフトビール）とは、「熱による処理（パストリゼーション）をしていないビール」と定義されています。かつてはビールも熱により殺菌処理を行ってつくられていたのですが、現代ではろ過技術が進歩したことにより、熱処理をしないでつくられた生ビールも飲めるようになりました。

## ビール瓶の頭にかぶさる「王冠」

グビッとビールを飲む前に、栓抜きで開けている瓶のふたは「王冠」と呼ばれています。アメリカ生まれの「王冠」ですが、ひだの数は世界共通で21個なんです。ちなみに英語の呼び名も「王冠」を意味する「CROWN（クラウン）」です。

Q.「ブルワリー」という用語を聞いたのですがそれは何ですか？

A. ブルワリーとはビールの醸造所のことです。1994年に規制が緩和されるまで、日本にはビール大手4社（キリン、アサヒ、サントリー、サッポロ）とオリオンビールのブルワリーしかありませんでした。しかし、規制緩和後は、各地で地ビール・クラフトビールを手がける小規模の醸造所（いわゆるマイクロブルワリー）が生まれ、違いのあるさまざまなビールを楽しめるようになりました。

# ビールは世界で3番目に飲まれている飲み物

世界では日々、さまざまな飲み物が大量に消費されています。では、そのうち、とくに飲まれているのはどんな飲み物か想像できるでしょうか？

飲み物のランキングにはいろいろな統計があるのですが、ここでは、一般的な「人気ランキング」を総合的に判断し、順位づけしてみましょう。

まず、もっとも飲まれているのは「水」で間違いなさそうです。水はすべての飲み物の原料となりますし、私たちは毎日水を飲みますよね。

さて、水の次によく飲まれている飲み物としては、「お茶」が挙げられます。このお茶には、紅茶や緑茶など、さまざまなお茶飲料を含みます。

紅茶といえば、アメリカがまだイギリスの植民地だったころに起きた「ボストン茶会事件」が有名です。

これは、イギリスの植民地政策に対し、アメリカ市民が反発したものです。当時、イギリスから輸入されていた紅茶に課税されていたこともあり、輸入した紅茶をボストン港に投げ捨てました。それだけに紅茶は、人々の日常に根づいていたともいえるでしょう。

では、水とお茶に続いて、3番目に飲まれている飲み物は何でしょうか。

統計によっても異なりますが、**3位は「ビール」であるとする説が有力です。**その理由として、世界には、水よりもビールのほうが安く買える国があることなどが挙げられます。

日本においても、ミネラルウォーターなどは人気ですが、酒税の関係もあって、水がビールより高いケースは一部の商品に限られていますよね。

一方で、普通の水でもビールより高い国があります。具体的には、ドイツ、ベルギー、チェコ、スロバキア、クロアチア、ルクセンブルク、コスタリカ、プエルトリコ、パナマなどの国々。

こうした現状を考慮に入れると、「水は安い」という常識が揺らいできますよね。

そして、ビールは高い／安いという認識も、国によって異なることがわかるかと思います。

ちなみに、アルコールだけのランキングではどうでしょうか。2位がワイン、3位がリキュール、4位が日本酒です。その後は、ウイスキー、ウオッカと続いていきます。日本酒が4位というのは意外ですが、ビールがトップというのは予想どおりではないでしょうか。

それだけ、ビールは世界中で愛されている飲み物といえます。ビールの種類も多種多様で、最近ではプレミアムビールや低アルコールビール、さらにはカロリーを調整したものも出てきており、消費動向も変化しつつあります。

さらに、日本でもクラフトビールの人気が続いており、そうした新しいムーブメントがビール市場を支えています。今後も、ビールの人気は続いていきそうです。

## 人気飲み物ランキング世界TOP3

３位のビールも、２位のお茶も、使われているのは水です。「そんな当たり前のことを」と思われるかもしれませんが、日本のように水道からおいしい水を飲むことができるのは、世界から見たら当たり前ではありません。世界では水資源の奪い合いも起きているくらいなんです。

Q. ビールの市場規模はどのくらいありますか？

A. 世界におけるビールの市場規模は、約8000億ドルとされています（2022年)。一方、日本だけに限定すると、ビール大手４社の「ビール系飲料国内販売数量」は約３億4000万ケースです（2022年)。とくに日本では消費量が減少傾向にあり、その背景には若者のアルコール離れがあるのかもしれません。ただし、家庭用ビールの販売は堅調に推移しています。

# ビール工場に潜入！　ビールができるまで

ビールができるまでには、どのような工程があるのでしょうか。ここでは、ビール工場に潜入したつもりになって、「ビールができるまで」の過程を一緒に見ていきましょう。

一般的なビールの製造工程には、次のようなものがあります。

**①麦芽粉砕**　ビールの原料は「大麦」です。そのため最初の工程では、大麦を溶けやすい状態に加工するのがメインとなります。最初に小さなごみなどの汚れを取り除き、「麦芽槽」で水分を含ませます。次に、「麦芽室」で発芽させ、「乾燥室」で乾燥します。こうして「麦芽」ができあがります。それを粉砕させていきます。

**②糖化**　砕いた麦芽を、コーンスターチなどの原料（副原料）と混ぜ合わせ、適度な

温度で長時間保持します。そうすると、麦芽の酵素の働きによって「糖化」され、麦芽のでんぷんが糖分に変わります。

**③ろ過**　おかゆのような状態になった麦芽を、ろ過していきます。ろ過された麦芽を「麦汁」と呼びます。繰り返しろ過をして麦の穀皮などの固形物を取り除いていくことでクリアな麦汁が抽出できます。

**④煮沸**　続いて麦汁を煮沸する工程に入ります。目的としては、殺菌や濃度の調整、余分な香りを飛ばす、といったことが挙げられます。煮沸のタイミングで、ビールの苦味と香りのもとである「ホップ」を加えます。

**⑤冷却・発酵**　「麦汁」を冷やし、これに酵母を加えて発酵タンクの中に入れます。その結果、酵母の働きによって麦汁に含まれる糖分がアルコールと二酸化炭素に分解されます。期間はビールの種類によりますが、3～10日ほどとなります。

**⑥熟成**　発酵過程を経たビールのもとは、「貯酒タンク」へと移されます。そこで、数十日間にわたり、低温で貯蔵されます。こうしてビールが徐々に熟成していき、私たちが飲んでいるような味や香りが出てきます。

完成したビールは、専用の瓶または缶もしくは樽に詰められて出荷されます。市販されているビールは瓶や缶ですが、お店で飲むビールは樽のままジョッキに注ぐ「生ビール」もありますよね。もちろん、樽から直接ジョッキに注ぐことはできないので、専用のビールサーバーを使って注ぐことになります。**完成まではおよそ2～3カ月の期間が必要となります。**大手のビールメーカーをはじめとして、各社ではビール工場の見学ができるところもあります。興味がある人はぜひ足を運んでみてはいかがでしょうか。

## 手間ひまがかかるビールづくり

長い工程を経てわれわれののどまで届いているビール。アサヒ、キリン、サッポロ、サントリーの大手４社をはじめ、各社でビール工場の見学を行っています。興味がある人は、自分の好きなメーカーのホームページをチェックして、足を運んでみてはいかがでしょうか。

Q. ビールづくりを体験できる施設はありますか？

A. 一部の大手ビールメーカーに加えて、手づくりのビール工房を用意しているブルワリーもあります。観光できるだけでなく、実際にビールづくりを体験することによって、ビールをより身近に感じることができるでしょう。もちろん、ビールの試飲もできるところが大半なので、ビール好きなら一度は訪れてみてはいかがでしょうか。

# ビアガーデンを知らない平成っ子たち

以前であれば、「飲みニケーション」という言葉もあるように、社内外でお酒を飲みながらコミュニケーションを楽しみ、親睦を深めることを目的とする時代もありました。

しかし現代では、「Z世代」をはじめとして、プライベートを重視する人も増え、お酒のつきあいについても再考されつつあります。

ちなみにZ世代の傾向として、コスパ（コストパフォーマンス）やタイパ（タイムパフォーマンス）などを重視することが挙げられます。お酒のつきあいも「（お金・時間の）無駄」と捉えやすいのかもしれません。

お酒がなくても楽しく過ごしたい。そうした発想でライフスタイルを構築するのは、ある意味では合理的な判断といえるかもしれません。

ただ、**お酒があるとそれだけ楽しい場になりやすいことも事実です。とくに職場な**

**ど、普段は〝固い〟関係性がある場合はなおさらです。**

そこには価値観の違いがあると考えられるのですが、会社としても社員同士のコミュニケーションを活性化していく必要があり、その点、お酒と交流の捉え方はあらためて考えなければならない課題といえそうです。

ニッセイ基礎研究所の調査によると、現在と20年前の飲酒習慣率は20代・30代で大きく低下しています。男性のほうが顕著ですが、女性でも同様の傾向が見られます。ちなみに男性の場合は、すべての年代において飲酒習慣率が低下している一方で、40代・50代の女性はむしろ飲酒習慣率が向上しています。これは、女性の社会進出や働き方などの変化が影響しているのかもしれません。

仕事終わりなど、普段からお酒をよく飲んでいる人には信じられないかもしれませんが、なかには「ビアガーデン」を知らない人もいます。

ビアガーデンとは、屋外にある飲食店のことで、お酒（ビールなど）が飲めるのが特徴です。夏場などには、デパートの屋上などで見かけることも多いかと思います。

ビアガーデンに似たものに「ビアホール」があるのですが、こちらは屋内の飲食店を指します。屋内であるため、ビールに合う本格的なつまみ（ペアリング）も提供されるのが特徴となります。

たしかに、お酒を飲まない人にとっては、ビアガーデンやビアホールなどはなじみがなく、知らなくても無理はないかもしれません。

しかし近年では、ノンアルコールビールをはじめ、アルコールを飲まない人でも楽しめる飲料が出てきていますし、また、お酒が苦手な人でも楽しめる「微アルコール」「低アルコール」飲料にもさまざまな種類があります。

こうした飲料も選択肢に入れることによって、お酒の場にも参加できるようになり、そこで新たな出会いや楽しみも広がっていく可能性があります。

自分の時間を大切にしたい気持ちもわかりますが、**普段は接しない人と積極的に交流することで、新しい価値観や知見を学ぶこともできるでしょう。**ビールは、そのための入り口としては最適だと思います。

## 昔懐かしい昭和のビアガーデン

ひしめきあったテーブルを囲むように並ぶ丸椅子。頭上にはちょうちんが連なり、その向こうにはきらめく数々の星。そんなビアガーデンで、頭にネクタイを巻きながら同僚たちと浴びるようにビールを飲むのが、昭和のサラリーマンに流行したビールスタイルだったのです。

Q.「微アルコール」飲料にはアルコールが含まれているのですか？
A. 一般的に、アルコール度数１％未満の飲料を「微アルコール飲料」と呼びます。かつて、お酒が苦手の人のための飲料としては、アルコール度数0.05％以下の「ノンアルコール飲料」が主流だったのですが、微アルコール飲料が出てきたことによって、飲めない人でもより気軽にお酒を楽しめるようになりました。さまざまな好みを持つ人に対し、お酒の選択肢が広がっていると考えてよいでしょう。

# お酒を飲んでから何時間たったら運転できるのか？

お酒を飲むときに気になることとして、もっとも多いのは、やはり「車の運転」についてではないでしょうか。

飲酒運転を背景にした悲惨な交通事故が後を絶たないこともあり、過去、飲酒運転は厳罰化が進んできました。

１９９０年代の悪質な飲酒運転の増加を背景に、２００２年には「酒気帯び運転」を呼気１リットル中のアルコール濃度が０・15ミリグラム以上に変更されています。これにより、「酒気帯び運転」や「酒酔い運転」も厳罰化されました。

さらに２００７年には、道路交通法が改正された結果、酒酔い運転の罰則が「５年以下の懲役または１００万円以下の罰金」、酒気帯び運転の罰則が「３年以下の懲役または50万円以下の罰金」へと、さらに厳罰化されました。

ちなみに、飲酒検知を拒否した場合も「３年以下の懲役または50万円以下の罰金」

が課せられることとなり、飲酒運転への対応自体が厳しくなっています。

その他にも、２００９年には違反点数が引き上げられるなど、飲酒運転の根絶に向けて法整備も進んでいます。こうした傾向は、**社会全体として飲酒運転を許さないという意識の表れといえそうです。**

酒気帯び運転は呼気または血液の状態から判断されるのに対し、酒酔い運転はその人自身の状態から判断することができます。

もちろん、どちらも犯罪に該当するのですが、お酒を飲んで運転することによって当人の判断力に影響が及び、とくにひどい場合は正常な運転ができなくなることは間違いありません。

ちなみに、お酒を飲んでから何時間ぐらいたったら運転できるようになるのでしょうか。

**前提として、アルコールの処理能力には個人差があり、一概にはいえないのですが、少なくとも7～8時間は空けるべきとされています。**もちろん、飲んだお酒の量と種類によって、さらに時間を空ける必要があるでしょう。

「自分は酒に強いから大丈夫」と思っている人ほど注意が必要です。そのような人が、じゅうぶん時間を空けずに運転し、重大事故を起こしているケースがたくさんあります。

たとえわずかな量であっても、お酒を飲んだら絶対に車を運転しない。そのような強い決意をすることによって、普段のお酒もより安全に楽しむことができます。

飲食店側も運転することが明らかな人に対してお酒を提供すると、罪に問われる可能性があります。

## 飲酒後の運転はじゅうぶん時間を空けてから

「飲酒運転」は２つに分けられ、呼気１リットルにつき0.15ミリグラム以上、または血液１ミリリットル中0.3ミリグラム以上のアルコールが体内にあると「酒気帯び運転」。正常に運転できないほどなら「酒酔い運転」になります。くれぐれも飲酒からじゅうぶん時間を空けてから運転しましょう。

Q. 運転手にお酒を提供したお店にはどんな罰則があるのですか？
A. 運転手が酒酔い運転（アルコールの影響で正常な運転ができないおそれがある状態）をした場合、飲食店側には「３年以下の懲役または50万円以下の罰金」が科せられることがあります。一方で、酒気帯び運転（呼気中アルコール濃度0.15mg/L以上）の場合は「２年以下の懲役または30万円以下の罰金」となります。いずれにしても、飲酒運転をさせない取り組みが求められています。

# 世界一強いビールのアルコール分は67・5%

日本で販売されている一般的なビールのアルコール度数は、平均すると5%程度が中心です。

ワインは10%前後、日本酒は15%前後なので、それほど強くないとわかります。だからこそ、最初の1杯として飲まれることも多いのでしょう。

アルコール度数だけ見ると、一般的なビールに近いのはいわゆる「(缶)チューハイ」系で、こちらはおおむね4~6%です。缶チューハイは気軽なこともあり、若者を中心としてよく飲まれていますよね。

ただ近年では、「ストロング系」などの缶チューハイも販売されているなど、差別化が行われており、ビールもまたそうした流れを反映しています。

例えば、サントリーが２０２２年から発売している「ビアボール」は、アルコール度数16%のビールです。炭酸水で割って飲むことを前提としていて、アロマホップ1

００％の華やかな香りと爽快な飲み口が特徴です。

では、世界のビールについてはどうでしょうか。**もっともアルコール度数が高いのは、スコットランドの「Snake Venom（スネークヴェノム）」で、アルコール度数はなんと67・5％です。**もはやビールだけでなく、他のお酒も含めて特異な商品といえそうです。

その他には、スコットランドの「Armageddon（アルマゲドン）」アルコール度数65％やオランダの「Start the Future（スタート・ザ・フューチャー）」アルコール度数60％など、強烈なビールは世界にたくさんあります。

Q. ビールのアルコール度数はどうやって決まるのですか？

A. ビールのアルコール度数は、麦汁に含まれる糖の濃度によって決まります。ビールは発酵させてつくるのですが、その際、糖の濃度が高ければ高いほどアルコール度数が高くなります。理由としては、酵母の働きがより活発になるからですね。反対に、糖の濃度を下げれば、アルコール度数が低いビールをつくることができるのです。

## ビールは5000年前から飲まれている

ビールの起源については諸説ありますが、一説によると、5000年ほど前から飲まれていたと考えられています。

**文字による記述でもっとも古いものは、約3000年前のメソポタミアで発見されています。この記述によると、当時の製造方法はなんと「パン」を使っていたというのです。**

具体的には、乾燥させた麦芽を砕いて粉末状にしたものを焼いてパンにします。こうしてできたパンを「パッピル」と呼びます。

このパッピルを水にひたしておいたところ、酵母が発酵し、ビールのもとになりました。最初のビールは、偶然雨に濡れて水分を含んだ結果、酵母が発酵してできたともいわれています。

次に、歴史上発見されているビールは、古代エジプトの壁画です。

紀元前２７００～２１００年ごろに記されたと考えられるピラミッドの壁画に、ビールづくりをしている人の絵が描かれています。壁画にビールが描かれているなんて、なんだかロマンがありますよね。

日本にビールが伝わってきたのは18世紀後半ですが、最初に親しんでいたのは蘭学者たちで、そこから市中にも広がっていったそうです。

いずれにしても、ビールの歴史は古く、それが現代の私たちにも伝わっています。

そして、世界中で愛され続けているのです。

**約５０００～７０００年の歴史を持つともいわれるビール。** ときには、はるか古《いにしえ》に思いをはせて飲んでみるのもいいかもしれませんね。

ビールは現代でも進化を続けており、私たちの暮らしを豊かにしてくれています。

それも、昔の人が発見した最初のビールがもとになっており、こうして歴史は脈々と伝わっているのですね。

## ビールをたしなむ古代エジプト人

紀元前2700～2100年ごろの古代エジプトの壁画に描かれたビールを飲む様子（イメージ）。当時はパンを使ってビールをつくっていたそうです。「パンはキリストの肉」とも信じられており、そこから生まれたビールにも何か神秘的な印象があったのかもしれませんね。

Q. ビールはどのようにして近代化したのですか？

A. 功労者として挙げられるのはエミール・クリスチャン・ハンセンです。彼は「酵母の純粋培養法」を確立し、ビールづくりに欠かせないよい酵母をどこでも容易に入手できることに貢献しました。その土台となったのは、パスツールの「低温殺菌法（パスチャライゼーション）」です。それにリンデの「アンモニア式冷凍機」を加えて、近代ビールの三大発明ともいわれています。

# 第2章
# ビールで肥満予防。
# 実は身体によい、ビール健康法

## 肥満を防ぐニコチンアミドリボシドの威力

第2章では、ビールの健康効果について詳しく紹介していきましょう。

あまり知られていないことですが、ビールにはさまざまな健康効果があります。それらを知っていただくことで、より日々のビールを楽しめるようになると思います。

お酒の中でもビールは太ると思っている人は多いのはなぜでしょうか。

そもそも肥満というのは、身体に体脂肪が〝過剰に〟蓄積した状態のことです。脂肪自体は誰の身体にも備わっているのですが、それが過剰にあると、肥満ということで病気やけがなどのリスクが高くなる恐れがあります。

人によっては、もともと身体が大きい人もいれば小さい人もいますよね。ですので、「身体が大きい＝肥満」というわけではありません。あくまでも、その人の体質を踏まえたうえで、適正体重や体脂肪からどのくらい離れているのかを知ることが求められます。

見た目を問題にするのではなく、その人の身長・体重などを考慮しつつ、体脂肪などの〝数値〟に着目することが大切なんですね。

ビールを好んで飲んでいる人に男性が多いせいか、「ビール＝太りやすい」という印象もあるようですが、それは必ずしも正しくはありません。それにビール自体よりも、「つまみとして何を食べるか」が問題になることも多いです。

**ビールには「ニコチンアミドリボシド」が含まれているとされています。これは、「奇跡の分子」ともいわれており、体重増加や糖尿病を防ぐ効果があるといわれているのです。**

まだ研究段階ではありますが、ビールにはこうした健康につながる要素もあると考えられているのですね。

私自身、過去にビールばかり飲んでダイエットに成功したことがあります。朝と昼は食事を抜き、夜にビールと好きなつまみを食べただけで、半年間で25kgも落とすことができました。ちょっと極端なやり方ではありますが、ビールだけで太るわけではなさそうです。

みなさんも、表面的な情報に惑わされないよう、ビールを楽しんでくださいね。

**注意点としては、ビールに限らず、お酒には食欲増進効果があるということです。**お酒を飲むことによってついたくさん食べてしまうという人は、お酒を控えめにするようにしましょう。

## ビールを飲んで太る？

肥満かどうかの基準となる数値「体脂肪率」、肥満を数値で測定する指標「体格指数（BMI）」。ビールを飲むかどうかよりも、まずはこうした数値をきちんとチェックし、食事や運動をきちんと管理することが大事ですね。

Q. なぜホップには食欲増進効果があるのですか？
A. ホップに含まれる「苦味成分」が食欲増進につながると考えられています。また、消化を促進させる効果もあるため、ビールを飲むことによって「いつもよりたくさん食べたい」と感じることもあるようですね。ただ、ホップには利尿作用や血圧改善、鎮静作用や抗菌作用などよい効果もあるので、食事とのバランスを考えながら楽しむことが大事です。

## ビールのポリフェノールが心疾患のリスクを下げる

次に見ていくのは、ビールに含まれる「ポリフェノール」についてです。栄養や健康に関心がある人の中には、ポリフェノールという言葉を聞いたことがある人も多いのではないでしょうか。赤ワインやコーヒー、さらにはカカオやお茶にもポリフェノールが含まれており、CMなどで目にする機会も少なくないと思います。

ポリフェノールは、植物に由来する苦味や色素の成分で、私たちの健康を支えてくれる効果があるのです。

自然界には、8000種類以上ものポリフェノールが存在しているといわれています。それだけに多種多様なのですが、その効果についてもさまざまです。

ポリフェノールの効果・効能の代表的なものとしては、次のようなものが挙げられます。

- **抗酸化作用**
- **美肌効果**
- **動脈硬化の改善**
- **脂肪の消費**

このうちビールに関しては、赤ワインとの比較がわかりやすいと思います。

まず、ポリフェノールの含有量については、赤ワインのほうが1・5〜2倍ほど多いとされています。しかし、体内への吸収性で考えてみると、ビールのほうが優れており、そのためにビールの健康効果は決して侮れないのです。

ビールの原料であるホップには「イソフムロン」や「キサントフモール」などのポリフェノールが含まれています。このうち**イソフムロンは抗酸化作用があり、またキサントフモールは抗酸化作用の他、抗がん作用や骨粗しょう症の予防につながるとされています。**

ちなみにビールに含まれているポリフェノールがもたらす抗酸化作用は、心疾患の予防にも効果があるとされています。年齢とともに心疾患やがんのリスクは高まりますが、ビールを飲んで予防できるならうれしいですよね。

気になるのはアルコールの摂取量ですが、お酒が苦手な人は、ノンアルコールビールでも一定の健康効果を得ることができます。

**ノンアルコールビールを習慣的に飲むことによって、腸内フローラが多様になるという研究結果もあるようです。**それが糖尿病の予防につながったり、心臓などの慢性疾患のリスクを下げてくれたりするのですね。

## 心臓を元気にするポリフェノール

心疾患の予防に効果があるのは、ポリフェノールだけでなく、ビールの製造過程に含まれる発酵も関係しているとされています。もしアルコールのとりすぎが気になっているなら、ノンアルコールビールも上手に活用してみてはいかがでしょうか。

Q. 心疾患の原因にはどのようなものがありますか？
A. やはり、動脈硬化や高血圧、高血糖状態がリスクになりやすいといわれています。そのような血液の状態が悪化したことで、心臓にも影響が出やすくなるということですね。肥満やストレス、喫煙など、生活習慣によって心疾患のリスクが高まりやすくなるため、普段の生活を見直すことが大切です。毎日の心がけが、病気の予防につながります。

# 骨粗しょう症予防のためにビールを飲もう

ビールには骨粗しょう症の予防につながる成分も含まれています。

**骨粗しょう症は、骨の強度が低下することによって、骨折などの危険性が高まってしまう状態のことです。骨粗しょう症の患者は、日本だけでおよそ1000万人いるともいわれています。**

骨粗しょう症の主な原因としては「加齢」が挙げられますが、若い人であっても、骨粗しょう症の危険性がないわけではありません。

ビタミンDやカルシウムの不足、エストロゲンの不足など、骨粗しょう症のリスクが高まる生活習慣にはさまざまなものがあります。そうした状態を放置しておくと、気づかないうちに骨粗しょう症になってしまうこともあるのです。

しかも骨粗しょう症の症状は、実際に骨折するまで現れないこともあります。いつのまにか骨密度や強度が減少しており、骨を折ってしまってから気づくこともあるのです。考えてみると怖いことですよね。

ただ、骨折といっても、必ずしも事故などで大きな衝撃がある場合に起こるとは限りません。骨粗しょう症によって、骨が弱っているときはなおさらです。日常の中でのちょっとしたはずみで、骨折してしまうこともあります。

骨の断面を見てみるとよくわかるのですが、骨粗しょう症の人の骨は中がスカスカの状態になっています。具体的には、骨密度が低くなっているため、隙間がたくさん空いてしまっているということですね。

その結果、これまでは骨折まではいたらなかった衝撃であっても、簡単に折れてしまうことがあるのです。骨の状態は外から確認することは難しく、本人も気づきにくいだけに、普段から注意しておきたいですね。

骨粗しょう症によって骨折しやすい部位としては、手首、腕のつけ根、脚のつけ根、さらには背骨などが挙げられます。

骨粗しょう症によって骨折しやすくなると、それだけで「健康寿命」に影響が生じてしまうこともあります。それだけに、骨を丈夫な状態にしておくことは大事なのです。

そこでビールと骨粗しょう症との関係性ですが、まず、アルコールの過剰摂取は骨密度を低下させる恐れがあります。ビールに限らず、お酒の飲みすぎは避けるべきです。

一方で、**適度にビールを飲むことは、骨粗しょう症のリスクを低減させることにつながります。ビールに含まれるホップの成分が、骨密度の低下を抑制する効果があるといわれているのです。**

もちろん、ビールを飲むだけで骨折しにくくなると考えるのではなく、普段の生活の中で節制しつつ、運動なども取り入れていくことが大切です。

## 骨を強くして長い人生を楽しもう

「人生100年時代」といわれていますよね。80歳、90歳まで元気だった人でも、ちょっとした転倒によって打撲や骨折をしてしまうと、身体だけでなく心も老化が一気に進んでしまうこともあります。そのためにも骨は丈夫にしておきたいですよね。

Q. フレイユになりやすいのはどのような人ですか？
A. フレイユの前段階である「プチフレイユ」も含めて、その特徴としては、体重が減少していたり、疲れやすかったり、歩く速度や握力が低下している傾向があります。そうした傾向も踏まえて、日々の食事と適度な運動など、健康的な習慣を意識することが大切ですね。ビールを上手に取り入れることは、そうした習慣を後押ししてくれるかもしれません。

# ビールをたくさん飲むと糖尿病にならない？

糖尿病は、インスリンの作用が不足することによって、血液中のブドウ糖が増え続けてしまう病気のことです。血液中のブドウ糖のことを「血糖」というのですが、糖尿病の場合はよく「血糖値」が問題にされることがありますよね。

その点、糖尿病の患者は、常に血糖値を正常の範囲にコントロールしていくことが必要となります。それが糖尿病の治療であり、だからこそ糖尿病は「治るとも、治らないともいえない病気」といわれるのですね。

それだけに糖尿病は対応が難しいのですが、普段の生活を見直すことによって、そのリスクを下げることもできます。

あらためて、血糖とインスリンの関係性について見ていきましょう。

まず、「糖」というものは、食事をしたときはもちろん、そうでないときも私たちの血液中を流れています。その糖が、細胞に取りこまれる際には、インスリンの助けを借りています。

**糖やインスリンが正常な状態であれば、問題なく身体にエネルギーが供給されます。それによって、私たちは健やかに生活できるわけです。**

一方で、糖尿病の患者は、インスリンが十分に働いていません。その結果、糖（血糖）を細胞にうまく取りこめなくなってしまいます。そうすると、血液中に糖があふれてしまうのです。

その点、糖尿病はインスリンとの関係性で語られることが多いのですね。

とくに「2型糖尿病」は中高年に多く、肥満の人も多いのですが、「1型糖尿病」は若い人で、かつ痩せている人でもなりやすいため注意が必要です。

治療法としては、1型糖尿病の場合でインスリン注射であったり、2型糖尿病の場合で食事や運動療法、飲み薬、さらにはインスリン注射を行ったりすることもあります。

糖尿病を放置しておくと、心臓病や腎不全、失明や脚の切断など、重い病気につながる恐れがあります。普段から気をつけながら、できるだけ早期に対処するようにしてください。

糖尿病の予防にも、ビールが役に立ちます。

ビールに抗酸化作用があることはすでに述べましたが、**ビールに含まれるホップによって腸内環境もよくなり、それが結果的に肥満や糖尿病の予防につながるといわれています。**

また、腸内環境がよくなることによって、大腸がんや炎症性腸疾患の予防につながる可能性もあります。

繰り返しになりますが、飲みすぎてはむしろ逆効果なので、適度な飲酒を心がけるようにしましょう。そのためには、おいしい1杯を味わって飲むことが大事だと思います。

## 糖尿病が引き起こす主な症状

現代人にとって身近な病気でもある糖尿病。なかなか症状は気づきにくいといいますが、疲れやすくなる、手足がしびれる、空腹感が強く食欲が旺盛になる、のどが渇きやすくなる、といったことが挙げられます。食事をはじめとする生活習慣の乱れには気をつけたいですね。

Q. 糖尿病の患者は日本にどのくらいいるのですか？

A. 厚生労働省の調査によると、2011年に270万人だった患者数が、2013年には316万人以上になるなど、過去最高を記録しています。もちろんこれは患者数なので、その予備軍も含めるとさらに多いと考えられます。2019年には男性の19.7%、女性の10.8%が「糖尿病が強く疑われる」と判定されていることもあり、ぜひ注意したいところですね。

# 認知機能を改善しボケない脳をつくる

近年では認知機能の低下、いわゆる「ボケ」をいかに防ぐかが、個人としても社会としても大きな課題になっていますよね。

では、ボケとはどのようなものなのでしょうか。

**ボケは、脳の判断機能や記憶力などに障害が起きることによって、日常生活に支障をきたしてしまう症状のことです。**かつては「ボケ」だけでなく、「物忘れ」や「痴《ち》呆《ほう》」などと呼ばれることもありますが、現在では「認知症」という名称に統一されています。

認知症の症状には、同じことを何度も言ったり聞いてしまったり、物の置き忘れや紛失が多くなったり、以前は興味があったことにも興味・関心が持てなくなったり、物の名前が出てこなかったりすることが挙げられます。

これらの症状は、発症することによって、日常生活にも支障をきたすことが多いものばかりです。そのために、健康寿命にも大きく影響してくる要素といえます。

ちなみに認知症の原因としては、アルツハイマーや脳血管障害などのケースが多く、単純な〝老化による衰え〟とは区別する必要があります。場合によっては、妄想や幻覚、徘徊《はいかい》、暴言、暴力、不眠など、さまざまな症状が起きてくることもあるため、できるだけ早い段階から対処していくことが求められます。

認知症の対策としては、やはり早期発見と早期治療が重要といわれています。症状をいち早く自覚し、できることから始めていけば、それだけリスクを下げることができるのです。

他の生活習慣病と同様に、認知症の予防に関しては食事や運動などを心がけることが大切です。

とくに食事については、脳の栄養源である糖質や青魚などに含まれる「ＥＰＡ（エイコサペンタ塩酸）」「ＤＨＡ（ドコサヘキサ塩酸）」を積極的にとるなど、バランスのよい献立を意識することが重要でしょう。

一方で運動に関しては、ウォーキングや体操など、続けられる運動を習慣的に行うことがよいとされています。運動によって血液循環を促し、脳を元気にすることが大事なのですね。

さらには、パズルゲームやボードゲームなど、意識的に頭を使う活動もよいといわれています。普段はあまり使わない脳を刺激することによって、認知症を予防できるというわけです。

それ以外の対策としては、適度にビールを飲むことをおすすめします。

アメリカ化学会（ＡＣＳ）が過去に行った研究によると、ビールに含まれるホップが、アルツハイマー型認知症の予防に貢献するとの見解が示されました。**認知症の原因と考えられているタンパク質（アミロイドβ）が蓄積してしまうのを、ホップが防いでくれる可能性があるというのです。**

より長く元気に、そして健やかに生きていくためにビールを飲みましょう。

## ビールを飲めば健康長寿!?

厚生労働省の調査によると、2022年における日本人の平均寿命は男性が81.05歳、女性が87.09歳となっています。しかし、どれほど長生きできたとしても、健康を損なった状態では、いろいろと制約が出てしまいます。まずはボケない脳をつくり、健康に長生きしましょう！

Q. アルコールによって脳が萎縮するというのは本当ですか？
A. たしかに、アルコールを大量に摂取することで、脳が萎縮する可能性があるという研究結果が報告されています。ただし、脳の萎縮自体が加齢によって起こるものですし、とくにビールのように認知症予防に効果がある栄養素が含まれているお酒があるのも事実です。ですので、我慢してストレスをためてしまうより、適度に楽しむぐらいがちょうどいいのではないでしょうか。

# 血圧を気にしつつ楽しくビールを飲もう

私たちの身体には「血液」が流れており、それによって身体機能の維持や管理、さらにはけがや病気の治療を行っています。

普段はあまり意識することがないかもしれませんが、血液の流れは、私たちの生命活動に大きな影響力を持っているのですね。

血液は成人の男性が体重の約8％、女性が体重の約7％を占めるともいわれています。その血液が、私たちの健康をつかさどっているわけです。

そんな血液に関する事柄のうち、私たちがとくに意識しやすいのは「血圧」ではないでしょうか。「血圧が高い」とか「血圧管理」など、日常生活の中で血圧に関することを耳にする機会も少なくないと思います。

血圧は、心臓から送り出される血液が全身に流れていくときに、「動脈」の内側にかかる圧力の高さ（低さ）のことです。

ちなみに動脈には、酸素や栄養素が豊富な血液が流れており、一方で静脈では、血液が二酸化炭素や老廃物を回収しながら流れています。

血液は心臓から流れてくるため、その圧力は、末端にいくほど低くなります。とくに測定時には、上腕部の血圧をはかることが多いですよね。

ところで、なぜこの血圧が問題になることが多いのでしょうか。

よく問題になりやすいのが「高血圧」だと思います。高血圧が問題になる理由は、放置することによって、身体にさまざまな支障が生じてしまうからです。

**高血圧は「サイレントキラー」とも呼ばれています。**

心疾患や脳血管疾患で亡くなる人は非常に多く、それだけに高血圧を放置しないことが大切なのですね。日本にはおよそ4000万人の高血圧患者がいるともいわれていますが、きちんと管理することによって高血圧は改善することが可能です。

高血圧の原因として挙げられるのは、「ストレス」「喫煙」「運動不足」「肥満」「塩分のとりすぎ」「アルコールの過剰摂取」などがあります。これらに加えて、遺伝的な体質も高血圧の原因とされています。

以上のことから、高血圧は生活習慣が大きく関係しているもので、普段の生活を見直すことによって改善される場合があります。大切なのは、自身が高血圧であるのかどうかをきちんと理解し、そのうえで、血圧を下げる努力を重ねることです。

「禁煙」「適度な運動」「食事の節制」「食塩の節制」「野菜や果物を積極的にとる」など、日常生活を少し変えるだけでも効果が現れてきます。そして、**アルコールを飲みすぎの人は、日々の量を減らし、週2回ほどの休肝日をつくるようにしましょう。**ビールをよく飲む人は、1日当たり中瓶（500ミリリットル）1本程度にとどめておくなど、工夫を重ねていけば血圧も下がりやすくなります。塩分が多いつまみを避けることも大切ですね。

## 大切なのは日々の血圧管理

高血圧を放置した結果、脳梗塞、心筋梗塞、糖尿病、狭心症といった病気を引き起こすといわれています。血圧は変動するため、毎日決まった時間に測定しましょう。もし血圧が高いなら、ちょっとビールを控えてみてはいかがでしょうか。

Q. アルコールを少しでも飲むと血圧が上がってしまうのですか？
A. 人にもよりますが、適度なアルコールはむしろ血圧を下げる効果があるとされています。少しのアルコールは血管を広げてくれるので、結果的に血圧を下げてくれるのですね。ただ、この適度というのは、むしろ「少量」と言いかえたほうがよく、やはり飲みすぎないことが大事です。飲む量を調整できない人は、思いきって飲まない日をつくるようにしてください。

## ビールで炎症を抑えられる？

みなさんは「炎症」と聞くとどのようなイメージが浮かぶでしょうか。

炎症のイメージとして一般的なのは、けがをしたときが挙げられるかと思います。擦り傷や切り傷などによって、患部が炎症を起こし、赤くなったり腫れたりすることがありますよね。

その他には、病原体などが身体の中に入りこむことによって、免疫系統が刺激を受けて引き起こされるのも炎症となります。

このように炎症は、細菌やウイルスをはじめとする「異物」を排除しようとして起きる、身体の反応のことです。具体的な症状としては、「発赤」「熱感」「腫脹」「疼《とう》痛《つう》」「機能障害」などがあります。

身近な症状ということもあり、炎症自体を極端に恐れている人は少ないと思いますが、これが**「慢性炎症」になると老化や病気の原因になるため注意が必要です。**

慢性炎症がさまざまな病気に結びつく理由は、炎症が続く結果、細胞や血管が傷ついてしまうためです。しかもそれは、身体のどこでも起こり得ることなのです。また、炎症によって「老化」が進行することもあります。具体的には、肌が荒れてきたり、シワやシミが目立ってきたりなど、外側にも症状が現れることがあります。体内がダメージを受け、それが表皮などにも出てきてしまうのですね。

炎症の対処法としては、「炎症はどのようにして起きるのか」を考えるとわかりやすいと思います。

もともと炎症は、外から入ってくるものに対処するための免疫機能の働きです。つまり、身体による防御反応というわけですね。

通常、外からやってきた異物が排除されると炎症は収まるのですが、慢性炎症の場合、脂肪細胞などがその原因となることもあり、原因自体を簡単には取り除けないため長期化しやすい傾向があります。

根本的な対処法としては、慢性炎症の原因となりやすい肥満細胞自体を改善していくことになります。それはすなわち、肥満につながる食生活や生活習慣を改善していくということであり、結果的に糖尿病や高血圧の予防にもなります。

具体的な方法としては、「飽和脂肪酸を含む食品を控えること」「減塩を心がけること」「禁煙すること」「アルコールを控えめにすること」「適度な運動をすること」などが挙げられます。基本的には、他の生活習慣病の予防・改善のための工夫と変わりませんね。

とくにお酒に関しては、日本酒なら１合、ビールなら中瓶１本、焼酎なら半合、ウイスキー・ブランデーならダブルで１杯、ワインなら２杯を目安にするとよいでしょう。

もちろん私のおすすめはビールです。**適量のビールは糖尿病によるリスクを減らすという報告もあり、その理由は身体の酸化を抑制しつつ、糖化も抑えられるためとされています。ビールには、抗酸化作用の強いポリフェノールが含まれており、糖質の代謝を助けるビタミンＢ群が豊富です。**

慢性炎症が気になるなら、ぜひ適量のビールを飲むようにしましょう。

## 実は侮れない病気、慢性炎症

慢性炎症が原因となるものには、がんや動脈硬化、自己免疫疾患、消化器系疾患、神経疾患といったものが挙げられます。こうした病気の原因が慢性炎症にあるとなると、侮れない病気であることがわかるかと思います。

Q. ビールをよく飲む人は太っているような印象もあるのですが……。
A. もちろん、ビールをたくさん飲む人だけが太るわけではありません。ただ、ビールを飲むことによって胃が刺激され、つまみをたくさん食べてしまうと太りやすくなります。ですので、どのお酒を飲むかというよりは、「何を食べるか」に着目することが大事ですね。一日に摂取するカロリーをコントロールし、お酒も適量にとどめておけば、まず太ることはないと思いますよ。

## 抗酸化物質が入っているので病気の予防につながる

抗酸化作用とは、具体的にどのようなことをいうのでしょうか。

それを理解するうえで重要なのは「細胞」の働きです。

私たちの身体は細胞からできています。すべての生命体は、この細胞を構造と機能の基本的な単位としているわけですね。

一方で、私たちは酸素を吸収してエネルギーをつくりだしてもいます。

勘のよい人はもうおわかりかもしれませんが、そのとき吸収した酸素が「活性酸素」として体内に生じ、私たちの細胞を傷つけているのです。そこで求められるのが〝抗酸化作用〟というわけですね。

活性酸素は、老化だけでなく、がんや生活習慣病の原因にもなります。しかも年齢とともに増えていくとされているので、働き盛りで、普段から忙しくしている人ほど注意が必要となります。

また、活性酸素が増える原因としては、老化の他にも、ストレスや喫煙、紫外線、食品添加物の摂取など多岐にわたります。すべてを避けるのは難しいかもしれませんが、できるだけ注意しながら生活することを心がけたいところですね。

そのためのキーワードとなるのが、「抗酸化」です。**抗酸化とは、身体の中を酸化させない（錆《さ》びつかせない）ことを指します。**体内の酸化を防ぐことによって、細胞への影響を抑えるわけですね。

通常、体内の活性酸素は酵素の働きによって無毒化されるのですが、活性酸素の量が多くなるとそれが間に合いません。つまり、酵素だけでは追いつかないわけですね。

そこで役立つのが「抗酸化物質」です。

そのうち、とくにポリフェノールに関してはビールにもしっかり含まれています。前述のとおり、ビールに含まれているポリフェノールは赤ワインよりも多いとされており、とくに吸収性という観点から優れているといわれています。

具体的には、ホップに含まれる**「イソフムロン」や「キサントフモール」などの物質が、抗酸化作用を高めてくれ、さらには抗がん作用や骨粗しょう症の予防にもつな**

**がるとされているのです。**

**なかでも、男性の前立腺がんや女性の乳がんに効果を発揮する**という意見もあり、ビールに含まれる栄養素がいかに優秀なのかおわかりいただけることと思います。

もちろん、ビールであっても飲みすぎは禁物です。どのアルコールでもそうですが、適量を飲むことによって恩恵を受けることができます。また、普段から飲みすぎている人は、休肝日をつくるなどの工夫も求められます。

ちなみに、ビールには「イソα酸」という成分も含まれており、これがアルツハイマーの予防に効果があると期待されています。それだけでなく、生活習慣病の予防や肥満、血圧、白髪などの改善にもつながるとされているのです。

## 抗酸化物質の力で細胞から元気に

新型コロナウイルス感染症（COVID-19）の感染拡大にともない、「免疫力の向上」や「抗酸化作用」などに注目が集まりました。感染症に限らず、免疫力や抗酸化作用を高めることは、さまざまな病気の予防につながります。

Q. ビールを飲むとアイデアが出やすくなるというのは本当ですか？
A. たしかに、ビールを飲むことによって身体や脳がリラックスし、細かいことを気にしなくなる結果、クリエイティブな発想をしやすくなることはあるでしょう。とくに、アイデアを生み出すときに必要な「異なるものを組み合わせる発想」は、ビールを飲んでいたときのほうがしやすいかもしれませんね。もちろん、泥酔状態ではせっかくのアイデアも消えてしまうので注意しましょう。

# ビールと結石の意外な関係性

結石には、大きく分けて「胆石」と「尿管結石」があります。

このうち胆石というのは、胆汁の成分が固まってできたもので、胆のうや胆管の中にできます。一方で尿管結石は、尿の中の成分が固まったものです。

とくにビールと関係性が深いのは尿路結石のほうです。

「尿管結石があるからビールをたくさん飲める！」と喜んでいる人も少なくないのですが、その理由は「利尿作用」にあると思われます。

結石の大きさがおおむね５㎜以下であれば、尿と一緒に排出されます。このことを「自然排石」といいます。

その点、利尿作用のあるビールなどを飲んで結石を出してしまえば、それで尿管結石を防ぐことができるように思われるかもしれません。

しかし、結石の大きさが10㎜以上になると、自然排石は難しくなります。加えて、

1カ月以上にわたって排出されない結石に関しても、感染や腎機能障害を考慮して治療したほうが望ましいとされています。

そう考えると、自然排石を促すためにビールを飲んだほうがいいとも思えるのですが、話はそう簡単ではありません。

**ビールに利尿作用があるのは事実ですし、それによって自然排出を促すことができるかもしれませんが、それはあくまでも一過性のものでしかありません。むしろその代償として抗利尿状態となり、新たな結石が生じてしまう恐れもあります。**

これまで述べているとおり、ビールは適量ならさまざまな効能があるとされているのですが、多量の飲酒はアルコールの種類に限らず危険です。

多量かつ継続的な飲酒は、血中乳酸濃度の上昇につながり、むしろ尿酸の排出を抑制してしまいます。その結果、高尿酸血症の状態となり、結石が発生しやすくなってしまいます。

このように、ビールには利尿作用があるものの、それによって自然排石を促せるかとは限りません。

ちなみに、ビールの利尿作用はその成分に理由があります。

ビールには、水分やアルコールに加えてカリウムが含まれていて、それらの相乗効果によって利尿作用が促されるわけですね。

**1リットルのビールを飲むことで1・1リットルの水分を失う**ともいわれており、それだけビールの利尿作用は強いです。

夏の暑い日などは冷たいビールをたくさん飲みたくなりますが、それによって身体の中の水分が失われてしまい、脱水状態になりやすくなる危険性もあるのです。

もちろん、適量であればそうした危険を回避することもできます。ビールのよい面と悪い面をきちんと理解したうえで、上手につきあっていくことが大事ですね。

## 人類の敵・結石の原因

尋常ではない痛みをともなう「尿管結石（尿路結石）」は、尿に含まれるカルシウムやマグネシウム、あるいは尿酸などによってつくられます。これらの成分が飽和状態になった結果、結晶化してできたのが結石になるというわけです。

Q. ビールを飲むと痛風になると聞いたのですが本当ですか？
A. 痛風は、血液中の尿酸濃度が高くなった結果、それが結晶化することで関節などが腫れてしまうものです。その原因となるものに「プリン体」があるのですが、ビールに含まれるプリン体はそれほど多くありません。むしろ、レバーやエビなどの魚介類のほうが多く含まれています。ただし、アルコール自体が尿酸を生成しやすいこともあり、痛風が気になる人はお酒全般を控えたほうがよいでしょう。

# ほろ酔い気分でストレス解消に役立つ

ビールをはじめとするお酒には、「ストレス解消」の効果もあります。

ビールはそれほどアルコール度数が高くなく、適度に飲む分には「ほろ酔い」状態になりますよね。その状態が、精神の緊張をほぐしてくれて、心の疲れもとってくれるのです。

**とくにビールはホップが含まれていることもあり、精神を安定させる作用もあるといわれています。**ホップを枕に入れることで、アロマのように活用している事例もあるようです。

もちろん、ビールの効果はそれだけではありません。

ビールの炭酸ガスが胃を刺激することによって食欲を増進させ、胃の働きもよくしてくれるので、おいしい食事を楽しむこともできるのです。

こうした効果によって、ビールにはストレス解消効果があるといえるのですね。

さて、そもそもストレスは、さまざまな病気や体調不良のもとになりますよね。だからこそ、**ビールを飲んでストレス解消することは、結果的に、健康を促進することにつながるといえるでしょう。**

ストレスとはそもそもどのようなものなのでしょうか。

ストレスの本来的な意味は、外部からの刺激によって生じる反応のことです。つまり、外から何らかの刺激があり、それによって私たちの心身が反応しているのですね。

ストレスとなる刺激や反応はさまざまなのですが、大きく分類すると「心」「身体」「習慣（行動）」の３つが挙げられます。

心のストレスとなるのは、「人間関係」「仕事」「将来への不安」などがあります。

一方で身体のストレスとしては、「暑さ・寒さ」「騒音」「公害」などがあります。３つ目の習慣としては、「喫煙」や「過度の飲酒」「運動不足」などが挙げられるでしょう。

こうした刺激と反応によって、私たちは常にストレスにさらされています。とくに現代人は、ストレスを避けて通れないこともあり、いかに対処していくかが問われているといってもよいでしょう。

しかも、ストレスの内容は年齢に応じて変化してきます。

30代は業務や家庭での人間関係がメインになりますが、40代は会社などでの責任ある立場や部下の育成などがストレスのもとになることがあります。そして50代以降は、上記に加えて加齢による衰えなど、その要因は多様化していきます。

いずれにしても、ストレスを避けて通れない以上、我慢してためてしまうのではなく、上手に解消していくことが求められます。その点、適度にお酒を楽しむのがおすすめです。

翌日に支障がない程度にビールを飲めば、それだけで一日のストレスをリセットでき、明日への活力を得られるかもしれませんよ。

## ビールを飲みストレスから身を守る

ストレスは案外、恐ろしい存在です。うつ病や不安障害といった精神的な疾患から、頭痛、めまい、ぜんそく、アトピー性皮膚炎、心臓病、高血圧といった病気や症状にまで発展することもあります。これらは一例ですが、ストレスは軽々しく考えてはいけないですね。

Q. ビールを飲んでストレス解消する際の注意点などはありますか？
A. 何よりも、飲みすぎないことが大事です。お酒に限らず何でもそうですが、度がすぎれば逆効果になってしまいます。また、お酒に対する耐性は人によって異なります。自分のペースでゆっくりお酒を飲むことが大切です。焦ってたくさん飲む必要はありません。リラックスして、ほろ酔いぐらいの感じでビールをたしなむようにしましょう。

## 歯周病や虫歯のもととなるバクテリアを防ぐ？

私たちの暮らしになくてはならない「歯」。とくに、自分の歯で食べ物をよくかんで食べることは、健康寿命の増進にも大きく貢献してくれます。

そんな歯の大敵となるのが、「歯周病」や「虫歯」です。

歯周病とは、細菌（バクテリア）によって引き起こされる炎症性の疾患です。その症状としては、歯茎が赤くなって腫れたり、出血や口臭をともなったりする場合もあります。

「虫歯じゃないからいいか」などと考え、そのまま放置しておくと、歯を支える骨が溶けてしまうこともあります。それによって、歯が抜けることもあるのです。

普段の歯磨きはもちろんのこと、歯に付着する汚れ（溝にたまったプラーク）を取り除くように心がけるなど、普段から気をつけておくことが大切です。また、甘いものを食べすぎないなど、食事の管理も重要ですね。

一方で虫歯とは、虫歯の原因となる菌（ミュータンス菌）が出す酸によって、歯のカルシウムが溶かされてしまうものです。その結果、歯そのものがもろくなり、最終的には穴が開いてしまいます。

歯周病や虫歯によって歯の状態が悪くなると、積極的に物をかむこともしづらくなりますし、それだけでなく、普段のコミュニケーションにも影響が及んでしまいますよね。

歯は毎日使うものだけに、その価値や重要性を認識するのが難しくもあります。当たり前だからこそ、きちんとケアすることによって、長く使い続けたいものですよね。「健康寿命」ということに着目すると、歯の健康がいかに重要かがわかります。ある有名な調査によると、歯が多く残っている人ほど認知症の発症や転倒などのリスクが下がるというデータもあるほどです。

**日本歯科医師会が推奨しているのは、「80歳になっても20本以上の自分の歯を保つ」ということです。**20本以上残っていれば、普段の食生活もほぼ満足にできるとされているためです。

そのために心がけたいのは、日常的な歯磨きや歯間ブラシによる口腔衛生の管理に加えて、かかりつけ歯科医で定期的にチェックしてもらうことです。そうした努力が、健康寿命の増進にもつながるのですね。

さて、ビールをはじめとするアルコール自体は虫歯の原因にはならないとされています。

また一説によると、ホップに含まれるポリフェノール（ホップ・ポリフェノール）が虫歯や歯周病の予防につながるともされているのですが、ビールを飲んだだけで口腔衛生が改善されるわけではありません。

むしろ、**ビールを飲んでそのまま寝てしまうと、歯に付着した糖によって虫歯などのリスクが高まると考えておいたほうがよいでしょう。**

食事だけでなくお酒を飲んだあとも、必ず歯磨きを忘れずにするようにしてください。

# 日常生活に影響を与える歯の健康

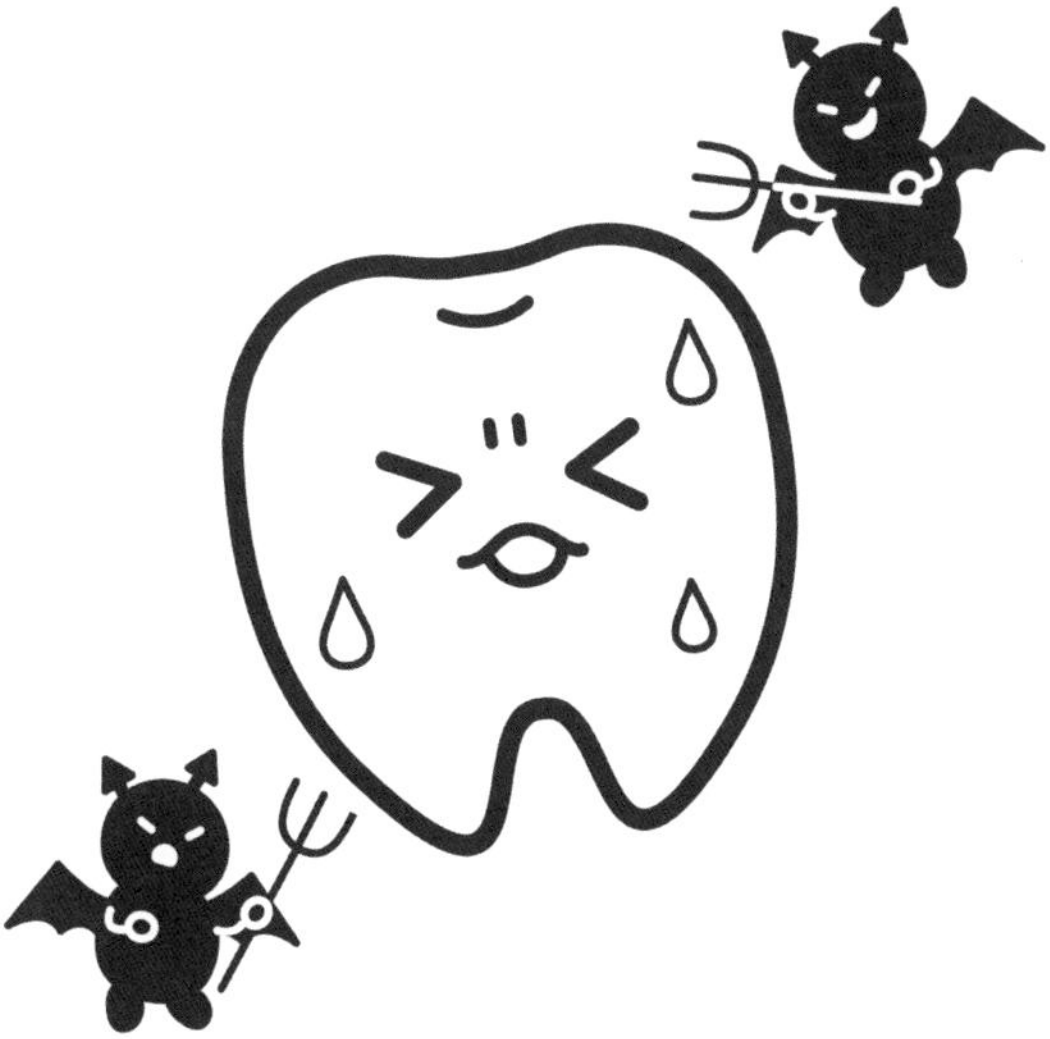

虫歯を放置しておくと、歯がボロボロにならないまでも、どんどん悪くなっていきます。そして、虫歯が進行してくると激しい痛みをともないます。そうなると日常生活にも支障をきたすことになりますよね。普段から口腔衛生に気を使っておきたいところです。

Q. ビールにもホップが含まれているけど、どうして虫歯予防にならないのですか？
A. 研究によると、たしかにホップ・ポリフェノールには虫歯や歯周病の予防につながるとされています。虫歯の原因となる歯垢の付着を抑える効果があるからです。しかし、ビールは醸造の過程とろ過を経て、そうした成分が取り除かれてしまうのです。今後、虫歯予防になるビールが開発されるかもしれませんが、それはまだ先のことになりそうですね。

# ホップには睡眠を促す効果がある

睡眠は、毎日のことでもあり、私たちの健康を支えてくれる重要な役割を担っています。よく眠れない日が続いてしまうと、思考力や判断力にも影響が生じやすくなりますし、感情面でも不安定になりやすいですよね。

ただ一方で、日本人の平均睡眠時間は他国に比べても短いのが特徴です。

経済協力開発機構（ＯＥＣＤ）が２０２１年に行った調査によると、日本は先進国の中で睡眠時間がもっとも少ないという結果になりました。

具体的には、**日本人の平均睡眠時間は7時間22分で、調査対象である33カ国の中でもっとも短かったのです。**ちなみに、もっとも長い南アフリカは9時間13分。全体の平均でも8時間28分となり、日本人の睡眠がいかに短いかがよくわかりますよね。

また、厚生労働省の調査（国民健康・栄養調査）によると、睡眠時間が6時間未満の人が、男性の37・5％、女性の40・6％だとされています。働き盛りの40～50代でも平均７時間ぐらいと、やはり短いようです。

それだけなら個人の問題のように思われるかもしれませんが、アメリカの「ランド研究所」の調査によると、睡眠不足による経済損失は年間15兆円にものぼるとされています（２０１６年）。つまり、睡眠時間が足りないことが、経済にも影響を及ぼしているのです。

その原因を探ってみると、日本人が「働きすぎている」現状が見えてきます。

コロナ禍を経たことによって、在宅勤務なども進んできましたが、それでも通勤している人は多いです。加えて、会議や残業などのムダも多く、そうした日本的な働き方が睡眠時間の短さにつながっているようです。

最近では、大リーガーの大谷翔平選手が睡眠に気を使っていることが取り上げられるなど、睡眠に対する意識も少しずつ向上してきているようですが、まだまだ課題はありそうです。

まずは、もっとたくさん寝ること。そして、睡眠に時間と労力をかける意識が大切なのではないでしょうか。

そこでビールです。

**ビールに含まれるホップには、鎮静作用やリラックス効果があり、それが結果的に睡眠補助にもなるといわれています。**もちろん、適度なアルコールもストレス解消につながるため、睡眠の準備がしやすくなりますよね。

また、ノンアルコールビールが快眠につながるという調査もあります。ノンアルコールビールに含まれるＧＡＢＡは、α波を増やして副交感神経を優位にする働きがあるとされ、それが快眠につながるといわれているのです。

ビールを飲みすぎると利尿作用によって夜中に起きてしまうこともありますが、ときにはノンアルコールビールなども併用することによって、上手に快眠を促すようにするとよいでしょう。

ちなみに、アルコールを飲んですぐに寝てしまうと、睡眠の質が下がってしまう可能性もあります。そのため、寝る３時間前までには飲むのをやめるなど、工夫してみましょう。

## ホップがもたらす心地よい睡眠

睡眠は脳とも深く関係していることもあり、わかっていないことも多いのですが、私たちに不可欠なものであることは間違いありません。睡眠は量だけでなく質も大事だといわれています。適量なホップの力を借りて、良質な睡眠を確保しましょう。

Q. お酒を飲みすぎると眠りが浅くなりますか？
A. アルコールには睡眠導入効果があるのですが、一方で、睡眠を浅くしてしまうこともあります。利尿作用がありますし、中途覚醒や早期覚醒につながってしまうためです。とくに、毎日お酒をガブガブ飲む人は、それだけ睡眠の質が低下している可能性を考慮したほうがよいでしょう。何事もほどほどが大切です。ビールもやっぱり最初の１～２杯が一番おいしいですよね。

COLUMN

## 「ビール」という名前の由来について

ビールという名前の由来は、〝ラテン語〟という説が有力です。

ラテン語の「ビベール（BIBERE＝飲む）」が、オランダ語の「BIER」になり、英語の「BEER」や日本語の「ビール」になったといわれています。

日本におけるビールは、18世紀に蘭学が日本で紹介されたこともあり、オランダ語のまま「ビール」と呼ばれているそうです。

他方で、ゲルマン語の「ベオレ（＝穀物）」が、のちに「ビール」になったという説もあります。

最初のビールはパンが発酵してできたといわれており、その点では、こちらの説にも一理あるといえるかもしれません。

いずれにしても、紀元前3000年ごろにはつくり方が記されていたビール。その歴史を考えると、人類の歩みとも重なる飲み物といえそうです。

普段、私たちは何気なくビールを飲んでいますが、たまには、古代の歴史に思いをはせて飲んでみるのもよいかもしれませんね。

いつの時代も、人々はビールを囲んで、楽しいひとときを過ごしてきた。それが今も変わらず続いているのです。

# 第3章

# なぜ日本人は「とりあえずビール」でカンパイするのか？

# 江戸時代は「とりあえずお酒」だった

第3章では、ビールにまつわる「豆知識」について紹介していきましょう。

私がまだ学生の頃、外国人の友人と居酒屋に行ったときの話です。席に座るなり私は「とりあえずビール」と注文をしました。すると、外国人の友人はメニューをめくりながら、「えーっと、TORIAEZU BEERはどこだろう?」と探していたのです。

ウソみたいですが、ホントの話です。

**高度経済成長期にビールが一般化し、それまでよく飲まれていた燗酒《かんざけ》にくらべ注文後すぐに提供されることから、1杯目は「とりあえずビール」が流行したようです。**

桂文珍さんの創作落語で「日本でもっとも飲まれているのは『とりあえずビール』」という噺《はなし》があったほどに、この言葉は流行しました。

ちなみに、２０１０年4月1日のエイプリルフールに神奈川県厚木市の「サンクトガーレン」という醸造所が１日限定で「とりあえずビール」を販売したことがありました。「仕事帰りに１杯」の文化が一般的になったのは江戸時代後期といわれています。

享保年間（１７１６～１７３６年）に店先で飲ませるお店が初めて現れます。

徳利に酒を入れて持ち帰ってから飲むのが当たり前でしたが、お店で酒を飲むのが一般的になり、簡単な酒のさかなを出す店も増えてきました。

昔は「とりあえずビール」ではなく、「とりあえずお酒」だったのですね。ここから居酒屋文化が始まったといえるでしょう。

Q. 最初の１杯は、ビール以外にどんなものが飲まれているのですか？

A. 過去の調査では、ビールの他に発泡酒や第三のビール、チューハイ、サワー、カクテルなどが人気のようでした。けれど最近では、いきなりハイボールを飲む人もいたりして、むしろいろいろな選択が可能になっているといえそうです。もちろん各社の宣伝戦略が功を奏している場合もありますが、飲み会などの場でも、個人の好みを反映しやすい時代になっているともいえるかもしれません。

# 他のアルコールと比べてビールはどこがよいのか？

「とりあえずビール」という言葉もあるように、**ビールのよいところは、〝最初の1杯〟として注文しやすいところにあります。**

見た目に関しても、ジョッキを持った感じがいいですし、いかにも「これからみんなで楽しく飲むぞ！」という雰囲気があります。

いうなれば、**ビールには「宴の始まり感」があるのですね。**

ただ、なかには、「ビールが苦手です」「飲みたいけれど飲めなくて……」などという人もいますよね。そういう人ほど、本当においしいビールを飲んだことがありません。

そのような人こそ、ぜひ私たちが提供している「パーフェクトビール」を飲んでみてほしいと思います。パーフェクトビールを飲むことによって、本当においしいビールを体感でき、ビールを好きになることができるでしょう。

## ビールは老若男女が楽しめるお酒

数あるアルコール飲料の中でも、ビールは、ポジティブな印象が強い飲み物です。暗いところでしっぽりビールを飲むよりは、みんなでワイワイ騒ぎながら、盛り上がって飲むイメージ。ビールにはさまざまな栄養素が含まれており、元気になるお酒なんです。

Q. ビールを飲むとなぜ元気になるのでしょうか？
A. ビールの原料である大麦やホップ、あるいは酵母には豊富な栄養素が含まれています。また、アルコール自体にも気分を落ち着かせてくれる効果があり、ほろ酔い状態だとドーパミンが分泌され、心地よくなりやすいですよね。また、ホップにはアロマ効果があるともいわれているため、緊張がほぐれ、元気に楽しみやすくなるのかもしれません。もちろん、ビールが持つイメージも影響しています。

## 若者のビール離れはウソだった

RECCOOが運営する「サークルアップ」では、Z世代の調査を行っており、その中で「大学生のビール離れ」に関する調査結果が報告されています。

この調査結果によると、最近の大学生の間では、最初の1杯として「レモンサワー」が人気だとわかりました。しかも第2位は「そもそも飲まない」という意見で、「生ビール」は第3位となっています。

たしかに、ビール離れが進んでいるという意見もあるのですが、一方で、**全体の52%はビール離れが進んでいないという意見のようです。その理由としては、「周りの友達は結構飲んでいる」「友人がビールを飲んでいる動画をSNSに上げている」「1杯目はビールを飲みたいから」などがありました。**

こうして結果からもわかるように、若者の1杯目は多様化しているものの、ビールの人気は相変わらずあるということがわかりますね。

## 若者のビール離れの実態

「Z 世代」（1990 年代半ばから 2010 年代の序盤に生まれた世代）の間で、最初の 1 杯目が多様化する傾向があるそうです。合理的な考え方をしたり、個人の価値観を重視したりする彼らに、「とりあえずビール」という文化はなじまないのかもしれませんね。

Q. ハイボールはなぜ人気になったのですか？
A. ハイボールは、ウイスキーをソーダで割ったカクテル。ビールと比較すると、味にブレがなく、飲みやすいのが人気の理由だと考えられます。また、アルコール度数を調整することもできるので、「早く酔いたい」「あまり酔いたくない」など、ユーザーの意向を加味しやすいのも人気の理由かもしれません。ビールとハイボール、どちらも楽しめるようになるとお酒のバリエーションも豊富になりますね。

# おいしいビールはネットの写真を見ただけでわかる

本当においしいビールは、写真を見ただけでわかります。
具体的には、次の3つのポイントが挙げられます。

1つ目は、あらいカニ泡ではなく、見るからにきめが細かく、かつクリーミーであること。泡は、味や口当たりを楽しめるだけでなく、ビールのうまみを閉じこめる役割もあります。

2つ目は、グラスに付着した気泡についてです。よく、ビールのグラスの内側にぷつぷつと小さな気泡がついているグラスがありますよね。あれは実は、油汚れなんです。油が落としきれていないグラスには、気泡がたくさんついてしまいます。

3つ目は、エンジェルリングについてです。**きれいにグラスが洗浄されており、きめが細かいクリーミーな泡で注がれたビールは、飲んだあとにエンジェルリングと呼ばれる〝泡のライン〟ができます。**

## 飲まなくてもわかるおいしいお店

「ぐるなび」や「食べログ」などのグルメサイトはもちろん、グーグルマップの口コミなどからもお店が提供しているビールの写真を見ることができますよね。それらをチェックするだけで、その店のビールのポテンシャルを予想することが可能なのです。

Q. ビールの泡にはどんな楽しみ方がありますか？
A. 基本的にはお好みですが、泡の量やきめの細かさを微調整することによって楽しみ方が変わってきます。なかには、泡だけで楽しむビールもあります。一方で、まったく泡のないビールもありますし、それによって味わいや風味、のどごしも変わってくるので、いろいろと楽しんでみるとよいでしょう。もちろん、銘柄によっても注ぎ方によって泡に変化があります。

## 香り、うまみ、冷たさ、色、泡の音の五感で味わう

私が運営する「PERFECT BEER」では、「最高のビール体験」を掲げており、具体的な次のような言葉の定義をしています。

「最高のビール体験」とは

ビールの品質が最高なのは当たり前。グラス・温度・ガスの圧力・空間・椅子の座り心地・テーブルの高さ・質感・照明・制服・ＢＧＭ・室温・スタッフの雰囲気・清潔感・笑顔・居心地・おつまみ・接客・心遣い。**ビールを飲むうえでのすべてが最高である体験が〝最高のビール体験〟です。**〝最高のビール体験〟を通して、お客さまやスタッフ、仕入れ先の業者など、関わるすべての人の人生が豊かになればと思い経営しております。

## ビールを「五感で味わう」とは

ビールを「味覚」だけで味わっている人が多いと思いますが、ビールはやはり「視覚」「聴覚」「味覚」「嗅覚」「触覚」の五感で味わってこその飲み物だと思います。それによって、ビール本来のおいしさを心ゆくまで堪能できるのです。

Q. ビールの香りにはどんなものがありますか？
A. ビールの香りは麦芽とホップに由来していることもあり、酵母の働きによって麦芽が発酵する際に生じる「エステル香」が一般的です。ただ、ビールの種類によっては、フローラル、シトラス、スパイシー、さらにはフルーティーな香りなどさまざまなものがあり、そうした香りを楽しむだけでもビールの印象が変化していくと思います。

# ビールの味はグラスの洗浄とサーバーの管理で決まる

実は、**ビールの味に大きな違いが生まれるのは、「ビールグラスの洗浄」や「ビールサーバーのメンテナンスを正しく行っているかどうか」によってです。**

意外に思われる人もいるかもしれませんが、それがおいしいビールをとことん追求してきた私の実感です。

そして現状としては、飲食店の9割が、徹底した洗浄やメンテナンスをしっかりできていません。

ビールグラスの洗浄やビールサーバーのメンテナンスができていないと、それによって泡があらくなります。加えて、苦味や雑味が強く、ひどい場合には酸っぱいにおいのするビールが提供されることになります。

それでは、おいしいビールを飲めるはずもないですよね。そうしたビールが提供された結果、ビールを嫌いになってしまった人も少なくありません。

## こだわりが創業のきっかけ

「高級なお店に行って、高いお金を払わないとおいしいビールは飲めない」。そのように考えている人もいるかもしれませんね。しかし、それは間違いです。徹底した洗浄やメンテナンスを行えば、最高品質のビールをキッチンカーで提供することもできるのです。

Q. どうして多くのお店では洗浄やメンテナンスが徹底できていないのですか？
A. 理由はさまざまですが、やはりお店の運営に追われていることが挙げられると思います。また、ほとんどの店舗でビールの味が似通っていることもあり、お客さんとしても、それほど意識せずに飲んでいるのかもしれませんね。けれど、本当においしいビールを飲んでしまうと、もう普通に提供されているビールには戻れなくなるということもあるようです。それだけ違うということです。

## 本当においしいビールを飲むための4つのポイント

**私が定義している「パーフェクトビール」とは、ビールの銘柄ではなく、グラスの洗浄方法やビールサーバーのメンテナンス方法をクリアしたものを指します。**

具体的には、次の4点を徹底しているかどうかによって決まります。

**1．ビールの鮮度管理**
**2．日々のビールサーバーの洗浄やメンテナンス**
**3．温度に合わせたガスの圧力管理**
**4．グラスの徹底した洗浄と乾燥**

これら4つのポイントをクリアしたものがパーフェクトビールです。それだけで、普通に提供されているビールと比べて、味にとても大きな違いが出ます。

## おいしさの証し、エンジェルリング

最高のビールを飲んだあとには、エンジェルリングができるのをご存じでしょうか？　ビールを飲んだあとのグラスにリング状に残っている泡のことです。ビールの温度、グラスの清潔さ、ビールの注ぎ方といった手間が必要になります。

Q. ビールの苦味が嫌いという人はどうすればよいでしょうか？
A. もちろん好みにもよりますが、ビール本来の苦味は、決しておいしさを阻害しません。むしろ、ビールの管理やジョッキの洗浄、サーバーの管理が不十分であるために、「おいしくない苦味」を体感してしまっているのではないでしょうか。また、ビールにはフルーティーなものやすっきりしたものもあるため、苦味が少ないビールを選択することで好きになることもありますよ。

## ビア樽3カ条「投げない」「温めない」「開栓後3日以内」

おいしいビールを提供するためには、ビア樽の管理にもこだわる必要があります。

次に挙げる3つのポイントが、ビア樽の基本的な管理方法となります。

ビールは発泡性の飲み物なので、**衝撃を与えることによって泡が抜けてしまう恐れがあります。** 投げたり転がしたりせず、丁寧に運ぶことが大切です。

次に温度。**ビールは温まることで味のバランスが崩れることがあります。** すぐに傷んで飲めなくなるわけではありませんが、直射日光が当たる場所にビア樽を置いているような店のビールはおいしくないと判断してもよいでしょう。

最後は、ビールの鮮度。ビール樽は、**開栓後2～3日で飲みきることが求められます。** そうしないと、ビールの味や香りが落ちた状態で提供されることとなり、結果的に、あまりおいしくないビールを飲むことになってしまいます。

お店でビールを飲む際には、チェックしてください。

## 基本のビア樽の管理方法

繁盛しているお店であれば、ビールもたくさん出ていると考えられるため、ビールの鮮度も保たれているはずです。一方、あまりお客さんが入っていないお店だと、古いビールを出している可能性があります。そうした点も観察し、お店選びに生かしましょう。

Q. ビールの樽はどのように流通しているのですか？
A. メーカーや酒屋から発送されたビア樽は、使用後に破棄されるのではなく、回収されてリユースされるケースが多いようです。工場のほうでは、洗浄・殺菌されたあと、ビールが充填《じゅうてん》されてまたお店に運ばれていきます。かつては木製の樽が使われていたのですが、現在ではステンレス製が主流となっており、管理もしやすくなっています。

# ビールは買ってから1日置いて飲むべし

自宅などでビールを飲む際には、どのような工夫ができるでしょうか。ポイントを紹介していきましょう。

まず、**缶も瓶もそうですが、購入してから帰宅するまでになるべく揺らさないのが鉄則です。**ビールは発泡性の飲み物なので、揺らしてしまうと味や香りが劣化する恐れがあります。

ただし、ビールを買って帰るまでに、まったく揺らさないのは不可能だと思います。そこで、ビールを購入したあとは、冷蔵庫などでしばらく置いてください。

**中身が揺れてしまったビールは、味や香りが乱れています。それだけで、ビールのポテンシャルを発揮できなくなってしまうのです。**

## 自宅でもできるひと工夫

買ってきたビールをすぐに飲みたいと思うかもしれませんが、1日置いて落ち着かせてから飲むのがベストです。また、ビールは冷蔵庫に1～2時間入れただけでは中心まで冷えません。常温で買った場合は、最低でも4～5時間は冷やしてみてください。

Q. ビールは暗いところで保管したほうがよいのですか？
A. ビールは熱にも弱いのですが、光にも弱いとされています。直射日光はもちろんのこと、蛍光灯の光によって味やにおいが劣化することもあるといわれています。そのため、冷暗所や冷蔵庫に保管し、できるだけ光に当たらないようにしましょう。いつもと違ったにおいがする場合は、「日光のにおい」がついていることを疑ってみてください。

# 自宅で飲むなら何を飲む？　缶ビールのおすすめ

缶ビールのおいしい飲み方について紹介していきましょう。

まず、**種類については、好みで構いません。自分が好きなビールの銘柄を購入し、振らないように注意しながらよく冷やして楽しむようにしましょう。**

次に、缶の開け方については、「ゆっくり開ける」のがポイントとなります。

冷えているビールを買ってくると、すぐに飲みたくなる気持ちもわかりますが、開けるときはいったん落ち着いてください。そうして優しく開けると、ビールがよりおいしく飲めるようになります。

また、**ビールは缶から直接飲むのではなく、よく洗ったグラスに注いで飲むようにしましょう。そうすることで、ビール本来の味わいを楽しみやすくなります。**

ジョッキの洗浄に関しては、お店でもそうですが、自宅でも同じことです。きちんと洗って自然乾燥させ、余計なにおいがしないような状態でビールを注ぎましょう。

## 缶ビールをおいしく味わうために

ジョッキを冷やしたり凍らせたりしてビールを注いでいる人もいるようですが、味が劣化してしまうのでおすすめしません。ちなみに、グラスに注がなくても「缶オープナー」を使えば、そのままジョッキ感覚でビールを楽しむことができます。

Q. ビールは冷やしすぎてもダメなんですか？
A. ビールの種類にもよりますが、やはり適温で飲むのがよいでしょう。一般的なラガービールであれば、夏は少し冷やしめで4～6℃、冬はもう少し高めの6～8℃くらいがおすすめです。それ以上冷やしてしまうと、ビールの成分が結合してしまい、濁りが生じることがあります。その結果、味が劣化し、泡立ちも悪くなることがあるので注意しましょう。

## キケン！　夏場は保存方法を間違えると酸化する

ビールの保存に関しては、とくに〝夏場〟に注意が必要です。

**ビールは、おおむね30℃以上になると酸化・劣化が進むとされています。**そのため、暑いところに置いておかないように注意することが求められます。もし居酒屋などで、暑くなりやすいところにビールを置いていたら要注意です。

そのような状況だと、ビールはどんどん劣化していく恐れがあります。やはり、冷蔵庫や日の当たらない倉庫などで保管するのが鉄則です。そうした管理ができているかどうかを、できればそのお店に入る前にきちんとチェックしておきましょう。

**自宅でビールを楽しむ場合は、温度変化による〝破裂〟にも注意してください。味や香りの劣化だけでなく、破裂の衝撃でけがをする恐れもあるためです。**

ちなみに、一度凍ったビールを解凍すると、味や風味は劣化していることがほとんどです。缶ビールを凍らせてしまった場合は、あきらめて処分するようにしてください。

## ビールは温度変化に弱い飲み物

夏場は中身が酸化して味が劣化してしまう恐れがあります。自宅で飲む場合は冷蔵庫や日の当たらないところで必ず保管しましょう。もしお店でビア樽が外に出されていたり、直射日光に当たっている場合は、そのお店のビールはあまりおいしくない可能性があります。

Q. ビールの缶は破損しやすいのですか？

A. 缶ビールは、ちょっと落としたり衝撃を与えたりしただけで破損することがあります。とくにアルミ缶は、環境にも配慮されており、最も薄い部分で0.1mmほどとなります。そのため、ぶつけたりするだけで亀裂が生じることもあれば、変形してしまうことがあります。缶も瓶もビールをおいしく飲むには丁寧に扱うようにしてください。

COLUMN

## なぜドイツではぬるいビールを出しても怒られないのか？

ビールは世界中で愛されている飲み物ですが、日本と世界各国とでは、その飲み方に違いがあることも少なくありません。例えば、個人の消費量が非常に多く、「ビール大国」と形容されることもあるドイツと比較してみましょう。

日本ではキンキンに冷えたビールを飲むことが多いですが、ドイツでは少し事情が違います。実はドイツでは、ビールをぬるいまま飲むこともあるというのです。

なぜだと思いますか？

その理由は、ビールの種類の違いにあります。

日本で一般的に売られているラガーのピルスナーなどは、冷たくして飲むのがおいしいとされています。しかし、ドイツで飲まれているビールのうち、例えばエールビールなどは、むしろ香りと風味を楽しむために「7～10℃」ほどで飲むのがおいしいとされているのです。

そのように、ビールの種類によって適正温度が異なるために、ドイツではビールをぬるいまま飲むことがあるのですね。ビールの適正温度が異なることによって、楽しみ方も変わります。そのあたりの違いもぜひ楽しんでみてはいかがでしょうか。

# 第4章
# 日本全国、おいしいビールが飲めるお店12選

## 注ぎ方だけで10以上の変化！さまざまな表情の「麦酒大学」（東京都中野区）

「麦酒《ビール》大学《だいがく》」は、JR中野駅南口レンガ坂にある「とにかく生ビールがおいしい店」です。その特徴は、ビールの注ぎ方にあります。

お店のビールはすべてキリンラガービールなのですが、**注ぎ方の違いだけで実に10種類以上もの異なる味を表現しているのです。**

1933（昭和8）年に製造された復刻のビールサーバーに加え、現代のビールサーバーも合わせて使用しています。基本の注ぎ方は4種類です。

・麦酒大学注ぎ：キリッとした味わいが楽しめる生ビール
・一度注ぎ：香りと味のバランスが絶妙な一度注ぎの生ビール
・二度注ぎ：一度注ぎのビールとクリーミーな泡を同時に楽しめる二度注ぎの生ビール

・三度注ぎ：苦味と炭酸を抑えた飲みやすい三度注ぎの生ビール

基本の4種をベースに、いろいろなビールの味を楽しんでみることで、好みの生ビールに出会うことができるでしょう。

## ビールの知識を増やせる店内

店内は、「麦酒大学」の名のとおり、ビールをおいしく飲むコツや豆知識などが黒板に書かれています。店主の山本祥三さんはビールの知識が豊富なだけでなく、説明が独特でとても面白く、話を聞いているだけでも十分に楽しむことができます。

Q. ビールはどうして注ぎ方によって味が変わるのですか？
A. ビール自体が混ざったり泡の量が変化したり、さらには酸素の量が異なるために味が変わるといわれています。注ぎ方の違いによってそのバリエーションを楽しめるようになると、ビールの世界がより広がります。もちろん、注ぎ手のスキルによっても味や香りが変わってくるので、ぜひいろいろなお店でビールを飲んでみることをおすすめします。

## 日本一の注ぎ手名人がいる「ビールスタンド重富」（広島県広島市）

〝日本一の注ぎ手名人がいる店〟ともいわれているのが、重富酒店が２０１２年にオープンした「ビールスタンド重富《しげとみ》」です。代表取締役の重富寛さんは3代目で、ニッカウヰスキーで5年間の修業を経たのちに、家業を引き継いでいます。

**複数のビールサーバーを使い分けながら、注ぎ方を変えることでさまざまなビールを表現されています。**

お店は10人ほどで満員になってしまう規模なのですが、それでも、オープン前には行列ができているほど。

１人２杯までという制限があるなど、まさに「１杯飲んで町に送り出す」角打ちならではのスタイルを貫いています。

## 生ビールで広島の活性化を目指す

店主の重富寛さんは、「生ビールで広島を元気に！」を合言葉に、生ビールでの広島活性化を目指しています。独自の「旨い樽生セミナー」を実施し、ノウハウとビールメーカーの技術に裏打ちされた「最高最強の生ビール」を提供することに尽力されています。

Q.「角打ち」とはどのようなものですか？

A. 角打ちとは、酒屋の一角を利用して立ち飲みができるようにしたスペースのことです。呼び名の由来は諸説あるのですが、もともとはお酒の升に入れて飲む「角《かく》打《う》ち」からきているといわれています。現代では居酒屋をはじめいろいろなお店でお酒を飲むことができますが、昔はそういう場所が少なく、酒屋でお酒を買ってその場でちょっと飲めるようにしたことが角打ちの始まりなのですね。

## ピルスナーの元祖、チェコビール「ピルゼンアレイ」（東京都中央区）

ピルスナーの元祖である「ピルスナーウルケル」を扱っている立ち飲みバーが、「PILSEN ALLEY（ピルゼンアレイ）」です。地下鉄銀座駅や数寄屋橋交差点から徒歩約3分、JR有楽町駅から徒歩7分の好立地にあります。

店名の由来は、ピルスナービール発祥の地であるチェコ・ピルゼンと、銀座の数寄屋通りから「Alley（アレイ）＝裏道、小路」をとって命名しているそうです。

店主の佐藤裕介さんは、東京の「新橋DRY-DOCK（ドライドック）」でかつて店長を務め、**本当においしい樽生ビールはさまざまなファクターが合わさることで形成される点に着目。酒屋の選定から店舗での保管方法、機器やグラスの洗浄、さらには注ぎ方と見せ方にもこだわる**など、経験と研究を通じて本当においしいビールを提供しています。

店内は10名程度が入れるくらいのスペースで、会話を楽しみながらビールを飲めるのも魅力の一つでしょう。

## こだわり抜かれた店内環境

ピルゼンアレイで提供されているビールは、日本のラガービールであるアサヒスーパードライと、チェコのピルゼンでつくられている伝統的なピルスナーウルケル。注ぎ方にもこだわりがあり、液体と炭酸のバランスが絶妙ないわゆる〝佐藤注ぎ〟が基本です。

Q. チェコではビールが人気なのですか？

A. チェコは過去30年近くにわたって、「国民１人当たりのビール消費量」が世界一になったことがあります。水やジュースよりもビールが安く売られていることに加えて、世界中で愛飲されている「ピルスナー」発祥の国でもあるからだと思います。つまり、歴史的にもチェコではビールが愛されてきたのですね。１人当たりで考えると、日本人の５倍近くビールを飲んでいるというデータもあるほどです。

# 灘コロンビアの技術を受け継ぐ「ビアライゼ’98」（東京都港区）

「BIER REISE ’98（ビアライゼ’98）」は、日本一ともいわれた伝説のビアホール「灘コロンビア（東京・日本橋）」の技術と思いを継承しているレストランです。

そんな**ビアライゼのマスターである松尾光平さんは、灘コロンビアの技術を現代に伝える、まさにビールの〝名人〟です。**

松尾さんが注ぐビールのファンは日本中におり、おいしいビールを飲むために遠方からはるばる東京の新橋までやってくる人も少なくないようです。

また、松尾さん自身がテレビや雑誌などに数多く出演していることからも、知る人ぞ知る、日本屈指のビアマイスターといえますね。

そんな松尾さんは、灘コロンビアのオーナーであった新井徳司さんの唯一のお弟子さんです。

残念ながら同店は１９９８年に閉店してしまったのですが、１９５０年製の氷冷サーバーを引き継ぎ、その味を今に伝えています。

## 店名に込められたビールへの思い

1998年に閉店した灘コロンビアの技術と思いを継承し、同年に創業。初めて訪れた人は、つまようじが立つほどの濃密な泡に驚かれると思います。

Q. アサヒスーパードライが誕生したのはいつのことですか？

A. 当時の「朝日麦酒」がアサヒスーパードライを発売したのは、1987（昭和62）年3月です。各社がドライビールを発売していたのですが、そのなかでも「世界初」「キレのある」「辛口ビール」などのコピーを武器に、瞬く間にヒット商品になりました。現在では、サッポロ「ヱビスビール」などとともに、世界に誇る日本のビールとして幅広い層から根強く支持されています。

# 日本一のスーパードライを目指す「新橋ドライドック」（東京都港区）

「新橋《しんばし》DRY-DOCK（ドライドック）」は、「日本一美味しいアサヒスーパードライを目指して！」というキャッチコピーを掲げているビール専門店です。

そこには、ビールに対する真摯《しんし》な思いがあります。

またドライドックでは、**スーパードライだけでなく、全国から届くクラフトビールも楽しめますし、世界のドラフトビールやボトルビールを堪能することもできます。**

ビール専門店でクラフトビールを扱っているところは少なく、おいしいクラフトビールを飲みたい人にもおすすめのお店です。

## ボトルビールもフードも豊富な店

ドイツ、イギリス、ベルギーなど、世界各国から選んだボトルビールは全部で20種以上用意。高架下の立地で昔ながらという印象があるかもしれませんが、外観はとてもオシャレであか抜けており、気軽に立ち寄れる雰囲気も魅力的です。

Q. 新橋にはどうして飲み屋が多いのですか？
A. 諸説ありますが、もともと有数のビジネス街であるということに加えて、アクセスもいいために居酒屋も多いと思われます。古くは、終戦直後にヤミ市と呼ばれる露店がたくさん並んでいた歴史もあるなど、昔から人々が行き交うポイントとなっていたのですね。新橋ならではの〝赤ちょうちん〟も並んでおり、独特の雰囲気を醸し出しているなど、観光地としても楽しめる要素がありますよね。

# 日本一うまいヒューガルデン「ソリアーノ」（沖縄県那覇市）

**日本一うまいHoegaarden（ヒューガルデン）が飲めることで知られている**のは「SORIANO（ソリアーノ）」です。地元でも大人気の立ち飲みバーです。

那覇・栄町市場で、２０１５年４月にオープンしました。また、２０２２年にはリニューアルもしています。

外観も素敵ですし、気軽にベルギービールを楽しめるので、とくにヒューガルデン好きにはたまらないお店ではないでしょうか。

お店は、オーナーであるタカオさんが一人で切り盛りしているらしく、カウンターは７〜８人で満席となります。

それでも気軽に飲めるということもあってとても人気で、ソリアーノで軽くビールを１〜２杯飲んでから町に繰り出していく人も少なくないようです。

つまみはナッツ類が中心なので、しっかり食べるというよりは、やはりヒューガルデンを楽しむのがコンセプトとなります。

## ベルギービールを求めて沖縄へ

ベルギー・ヒューガルデン村を発祥とし、世界中で親しまれているホワイトビールのヒューガルデン。オーナーのタカオさんもヒューガルデンのファンということもあり、本当においしいホワイトビールを、心を込めて注いでくれます。

Q. ベルギーではビールが有名なのですか？
A. ベルギーのビール文化が、ユネスコの無形文化遺産に登録されていることからもわかるように、ベルギーの人はビールを好んで飲んでいます。地元に根づいた小規模の醸造所も多く、地元の農産物を使ったクラフトビールにはさまざまな種類があります。ハーブやスパイスなどを加えることによって、料理にも合うビールがたくさんあり、まさに日常的に飲まれている飲み物なんですね。

## 麦芽（モルト）で頭がいっぱいのあなたへ
## 「モルトヘッズ」（北海道札幌市）

「Maltheads（モルトヘッズ）」は、札幌・狸小路の外れ、資生館エリアのビールとモルトウイスキー専門店です。

店内は８席のみのこぢんまりとした空間で雰囲気もよく、夕方から深夜まで、店主の坂巻紀久雄さんが一人で運営しています。

そんな坂巻さんは、「日本ビール検定１級」と「ビアテイスター」に加えて、「ウイスキー検定２級」の資格も有しており、またクラフトビールの祭典「Sapporo Craft Beer Forest」実行委員の一人でもあります。

またお店では、ゲストビールも含めて約１００種類のビールを楽しむことができ、ボトルや缶がメインとなります。ラインアップにこだわっていることもあり、**モルトヘッズに行けば世界のビールにふれることができますよ。**

## モルトマニアのためのお店

ビールとモルトウイスキーを専門にしていることもあり、まさに麦芽（モルト）で頭がいっぱいの人のための酒場。2013年の開店当初から「札幌を〝日本のビールの首都〟に！」というスローガンを掲げ、ビールに対する情熱には相当のものがあります。

Q. リアルエールにはどのような歴史があるのですか？
A. エールビールの本場であるイギリスにピルスナーが普及するようになったのは、第２次世界大戦後といわれています。爆発的な人気となり、エールビールの存続すら危ぶまれるように。そうした動きに待ったをかけたのが地元のジャーナリストたちで、伝統的なエールを出すパブを保護する運動をはじめました。ビアフェス開催など、活動を続けた結果、リアルエールは生き残ることができたのですね。

# 京都の隠れ家的ビアバー「麥酒　夢詠ミ」（京都府京都市）

ビール専門店の中でも珍しい「ヱビスビール」をメインに提供しているのが、京都の隠れ家的ビアバー「麥酒《ビィル》　夢詠《ユメヨ》ミ」です。

大人の雰囲気がある祇園エリアに位置しており、京阪祇園四条駅から徒歩30秒。オープンは２０２１年６月です。

**専用のビールサーバーを用意しているのはもちろん、ヱビスビールだけを冷やすための冷蔵庫や氷を張るためのシンク、そしてグラスを冷やす場所も確保している**とのこと。

また、高度な技術が必要とされる「LUKR社（チェコ）」の特注サーバーも使用しているなど、ヱビスビールをおいしく飲むための工夫が満載です。

## 落ち着いた雰囲気で味わうビール

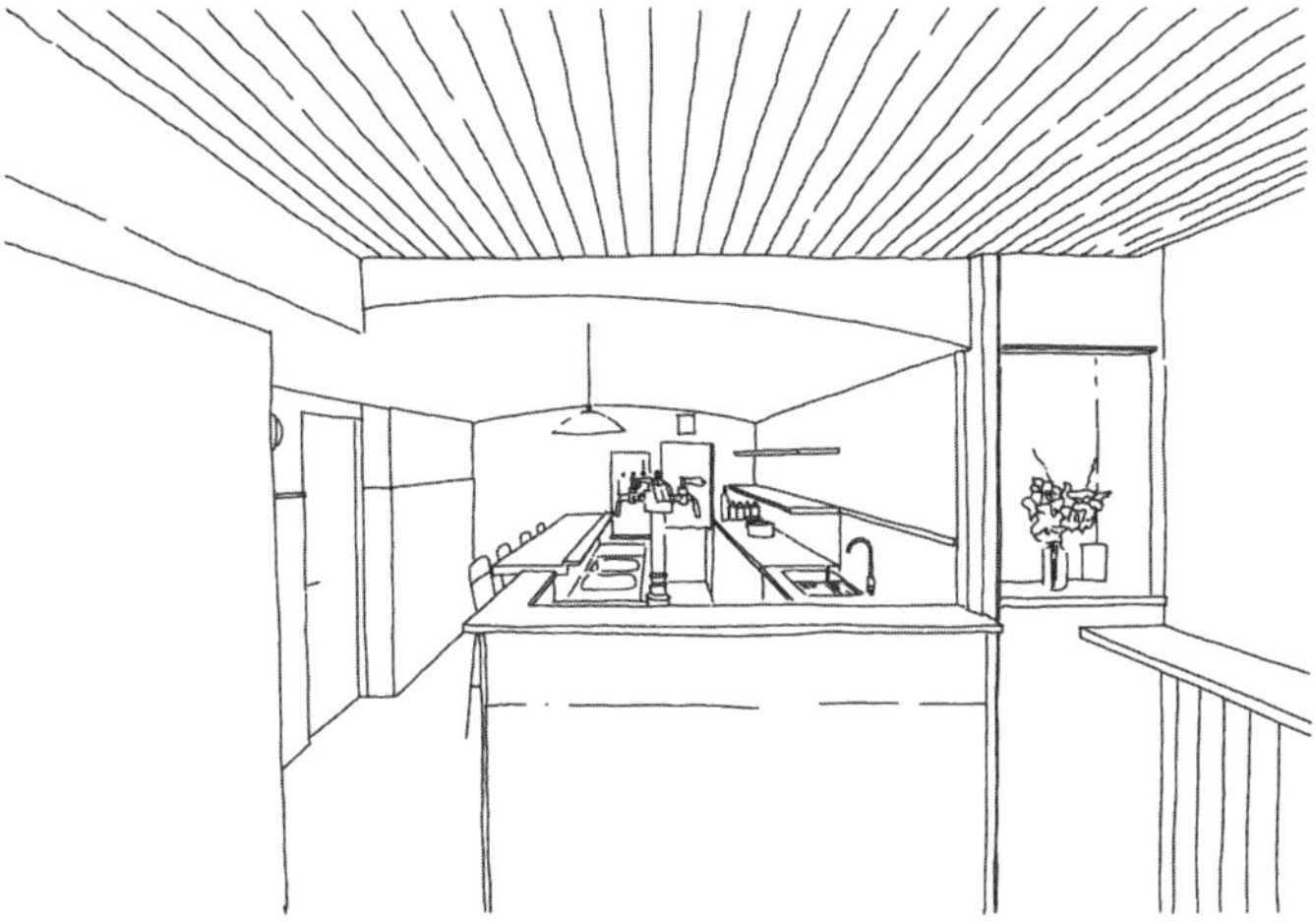

カウンターが8席とシンプルなつくりなのですが、スタンディング席も用意されているなど、過ごしやすい雰囲気を醸し出しています。土壁とアーチ形の天井が明るすぎない照明にマッチしており、自然派のイメージが独特の空間を生み出しています。

Q. ヱビスビールはどのようにして生まれたのですか？
A. 生みの親は「日本麦酒醸造会社」で、同社が1890年に発売した「恵比寿ビール」がその前身とされています。その後、ビール各社は統廃合を経て、第２次世界大戦後に「大日本麦酒」が朝日麦酒（のちのアサヒビール）と日本麦酒（のちのサッポロビール）に分割。やがて日本麦酒から復活した「サッポロビール」が販売されるようになり、さらにプレミアムビールとして「ヱビスビール」も復活しました。

# 国産ビールをすみずみまで味わう「ビールスタンドミナト」（神奈川県鎌倉市）

「BEER STAND MINATO（ビールスタンドミナト）」は、ＪＲ大船駅東口から徒歩３分のところに位置しています。

オープンは２０２０年10月。そんなミナトの特徴は、実に28種類ものビールメニューが用意されていることです。**銘柄は4つなのですが、それぞれ7種類の注ぎ分けを行ってくれるため、トータルで28の味わいが楽しめる**のですね。

・一度つぎ／二度つぎ／三度つぎ／ミルコ／ＯＦＵＮＡつぎ／ＭＩＮＡＴＯつぎ／マイルド

ぜひ、いつものビールをよりおいしく飲んでみたい人は、ビールスタンドミナトを訪れてみてください。

## 同じビールを、さまざまな味で

店内には昭和の復刻ビールサーバー「スイングカラン」や現代のビールサーバーが設置されており、「アサヒ生ビール（マルエフ）」「サッポロ生ビール黒ラベル」「サントリーザ・モルツ」「キリンラガービール」が7つの注ぎ分けによって提供されています。

Q. 日本の大手メーカーにはどんな会社があるのですか？
A. ビール大手4社（キリン、アサヒ、サントリー、サッポロ）とオリオンビールがあります。商品名は、キリン「キリンラガービール」、アサヒ「スーパードライ」、サントリー「ザ・プレミアム・モルツ」、サッポロ「黒ラベル」などがあります。それらに加えて、「ヱビスビール」や「オリオンビール」などもよく飲まれています。最近では、クラフトビールも人気で、商品の好みも多様化しているようです。

# イギリスの名門ブリュワリーで修業「ハイバリー」（東京都新宿区）

英国式のビアパブ「HIGHBURY–THE HOME OF BEER–（ハイバリー　ザ・ホーム・オブ・ビア）」は、イギリスの雰囲気が漂う特徴的なお店です。

地下鉄新宿御苑駅から徒歩1分ほどの好立地で、開店時間になるとお客さんが続々と集まってくる人気店となります。

**店主の安藤耕平さんは、国内のビール専門店で店舗経営を経験したのち、ビール職人となりイギリスの名門「Thornbridge BREWERY」で修業もされています。**

ちなみに同店は、「麥酒　夢詠ミ」の店主である榮川貴之さんが修業したお店でもあります。

提供されているビールは、ヱビスやサッポロ生ビールなどの大手メーカーのビールに加え、さまざまなクラフトビールがあります。

## イギリスの味を日本で再現

チェコのメーカーに発注したサービングシステムや独自のグラビティシステムによって注がれる「リアルエール」は、イギリスの提供方法を忠実に再現。店名の「ハイバリー」は、イングランド・プレミアリーグ「アーセナルFC」の旧ホームスタジアム名から。

Q. ビールにはなぜ唐揚げが合うのでしょうか？
A. サクサクした衣とジューシーな肉の香りがビールに合うといわれていますよね。もともとビールは爽快感のある飲み物なので、油を感じられる食べ物のほうがいいのかもしれません。ちなみに、唐揚げを仕込む際に鶏肉をビールに漬けておくと、肉がやわらかくなり、また揚げたあとの食感もよくなるそうですよ。そうしたところにも、ビールと唐揚げの〝相性のよさ〟があるのかもしれませんね。

# ビールが引き立つフードメニューも見逃せない
# 「内田日和」（神奈川県横浜市）

「内《うち》田《だ》日《び》和《より》」は、ビールと日本酒がとてもおいしいお店です。京急日ノ出町駅から徒歩2分という立地で、地元はもちろん、それ以外のお客さんからも広く愛されています。**外観はリラックスした雰囲気のパブで、店内はカウンターとテーブル、さらには立ち飲みスタイルでもお酒を楽しめる**とのこと。シンプルで落ち着いているので、気兼ねなくお酒を楽しむことができます。

もちろんビールに対するこだわりも強く、提供されている「スーパードライ」は、3パターンの注ぎ方から好みで楽しむことができます。

・シャープ注ぎ／一度注ぎ／二度注ぎ

姉妹店「八文字」は東京・北千住にあり、東京に住んでいる人でも気軽に足を運んでいただけるかと思います。

## 日本酒好きも楽しめるビール店

店主の内田明周さんは、ビールにこだわっているのはもちろん、グラスの洗い方にもかなり気を使っているそう。グラスを氷水につけることによって、ほこりがまったく入らないようになり、キレイな状態でビールを楽しむことができるそうです。

Q. ポテトサラダにはどんなビールが合いますか？
A. どのビールでも相性がよいとは思いますが、小麦を使った「ホワイトエール」などはさっぱり飲めるのでおすすめです。もちろん、ポテトサラダにもいろいろな種類があるので、味が濃く重いものにはホワイトエールなどを合わせつつ、軽いポテトサラダにはピルスナーを合わせるなど違いを楽しんでみるのもよいでしょう。ちなみに、ドイツビールと芋の相性がよいことは言わずもがなです。

# メニューはビールのみの自信「麦酒スタンド１９６３」（福岡県北九州市）

店舗メニューはビールのみに限定しているなど、まさにビールに特化したお店が「麦酒《ビール》スタンド１９６３」です。

お店を訪れて最初に驚かされるのは、床が透明のガラス張りになっていること。その中には、たくさんのビール缶（サントリーモルツ）がぎっしり詰まっています。

**麦酒スタンド１９６３は立ち飲みのお店であるため、一人2杯までしか飲むことができません。しかも、1杯目の提供とともに砂時計が渡されて、制限時間30分以内に飲まなければなりません。**

こうしたハウスルールは、あくまでも北九州の飲食店（小倉の街）などを回遊してもらうための工夫として用意されています。

## モルツへの情熱が秘められた店

店舗名になっている1963は、サントリーがビールづくりをはじめた（ビール工場を開設した）年とのこと。そこから命名していることもあり、サントリーとくにモルツにかける思いは相当なものだと想像できますよね。

Q. モルツといえば「ザ・プレミアム・モルツ」ですが、どんなビールですか？
A. ザ・プレミアム・モルツは、サントリーが2003年から販売しているビールです。いわゆる「プレミアムビール」に分類されているもので、ピルスナーの中でも最高峰を目指すために開発したそうです。特徴としては、苦味が穏やかなことに加え、アロマホップを使用することで香りが華やかになっています。また、クリーミーな泡も堪能することができ、素材や製法へのこだわりも感じられますね。

COLUMN

## 行きつけのお店を見つけるには

ビールが好きな人はもちろん、それ以外のお酒が好きな人も、〝行きつけのお店〟があるとよりお酒を楽しむことができますよね。

ただ、なかには「どうすれば行きつけを見つけられるのかわからない」という人もいることでしょう。とくにコロナ禍を経て、ハードルが上がってしまったと感じている人もいると思います。

しかし、難しく考える必要はありません。まずは、自宅や職場の近くにあるお店を散策することからはじめてみてはいかがでしょうか。

本書でも、さまざまな角度から「ビールがおいしい店」の見極め方を紹介してきました。それらのポイントを参考にするのもよいでしょう。

また、お店によっては、スタッフと気軽に話せるような雰囲気を上手につくっていたり、定期的にイベントを開催していたりなど、さまざまな工夫がなされています。

私が運営する「PERFECT BEER」でも、「店員さんに1杯おごれるレベル」を設置するなど自然とコミュニケーションが生まれる工夫をしています。

また、ビールに詳しくなることによってスタッフやお客さんとの交流も生まれやすくなることでしょう。ぜひ本書で学んだことを生かしてみてくださいね。

# 第5章
# 世界各国のビールと最高のおつまみ

# 日本で飲まれてきたビールの歴史

第5章では、日本のビールに加えて、世界に存在するさまざまな種類のビールやおつまみについて紹介していきましょう。

まずは、日本でよく飲まれているビールについてです。

江戸時代に外国から伝わったとされているビールは、日本の近代化を通じてさまざまな変化を遂げてきました。

例えば、1887（明治20）年には「日本麦酒醸造会社（東京）」が、88年には「札幌麦酒会社（北海道）」が、さらに89年には「大阪麦酒会社（大阪）」が設立されています。

戦後は、**当時のトップメーカーであった「大日本麦酒」の分割や酒類配給公団の廃止などによって、やがてビール各社が自由に出荷・販売できるようになり、ビアホールが人気になるなど、ビールが国民的な飲み物になっていった**のですね。

## 大正から昭和にかけてのビール事情

第１次世界大戦のときは好景気によって、ビール業界も盛り上がりを見せました。しかし、第２次世界大戦下においては、原料の不足によって大きく生産量が減少しましたが、戦後の復興とともに徐々に回復していきました。

Q. 日本ではどのくらいクラフトビールが人気なのですか？
A. ここ数年、日本のクラフトビール市場は成長を続けています。例えば、2020年からの３年間で約20％も成長しているんですよ。ただし、ビール類全体に占める割合としてはまだ1.5％ほどと限られており、これからさらに伸びていくことが期待されています。いろいろな種類のビールが楽しめるというのは、ビール好きとしては楽しいですよね。

# ピルスナーの元祖～ピルスナーウルケル（チェコ）

１８４２年にチェコのピルゼンで生まれたのが、ピルスナーの元祖ともされる「ピルスナーウルケル」です。

「ピルゼン生まれのビール」ということで、そこから「ピルスナー」という名称にもつながっているのですね。

生み出したのは、ビールマイスターのジョセフ・グロル。世界におけるビールの概念を変えたことでも広く知られてます。

**現在では、世界の７割以上の人たちがピルスナーを飲んでいるともいわれています。そして日本では、９割以上の人がこのピルスナーを飲んでいるのが現状です。**

まさに、世界でもっとも飲まれているビアスタイルの一つなんですね。

ピルスナーウルケルの特徴は、キレのある爽やかなのどごしとホップの苦味。伝統的な製法が現在にまで伝わっています。

## チェコが生んだピルスナーの元祖

注目すべきなのはその色。それまでのビールは褐色が基本でしたが、ピルスナーウルケルは目にも鮮やかな黄金色のビールです。その美しさを楽しむため、ビールを飲むための器に関しても、それまで主流だった陶器からガラスに変わったとされています。

Q.「トリプルデコクション法」とはどんな製法ですか？
A. 麦芽を３度糖化する醸造法です。この製法により、仕上がりの色や香りがよりよくなるといわれています。また、ビールの要であるホップの苦味も際立つことに加え、とくにピルスナーウルケルは、甘みとのバランスも絶妙ですよね。170年以上の伝統を誇ることもあり、まさにビールの王道として、ぜひ一度は飲んでいただきたいビールです。

## ビールが苦手ならこれ～ハイネケン（オランダ）

ビールが苦手な人にもぜひ試していただきたいのが、オランダはアムステルダム生まれの「ハイネケン」です。

ハイネケンが誕生したのは１８７３年のことでした。

生みの親であるジェラルド・アドリアン・ハイネケンは、アムステルダムの商家に生まれ、地元の醸造所を購入後からオランダ初となる「プレミアムラガービール」の醸造に集中して取り組みはじめました。

当時は小さな家族経営の醸造所だったのですが、勢いよく発展していく街とともに成長を遂げ、１８７５年には国際海事展覧会で金賞を受賞するに至ります。その後、海外進出も果たして世界中に愛される銘柄となりました。

１８８９年にパリ万国博覧会でグランプリを受賞し、90年にはエッフェル塔のレストランでも提供。**現在では、世界１９０カ国以上で飲まれているといわれています。**

# 緑に赤い星が光る国際的ビール

販売量はヨーロッパでナンバーワンとの呼び声も高く、美しい黄金色とバランスのとれたコク、さらには透き通った爽やかな味わいはハイネケンならではのよさといえますね。ビールが苦手な人でも飲みやすいので、ぜひ試してみてください。

Q. オランダではどんなビールが飲まれているのですか？
A. オランダは、ヨーロッパにおけるビールの生産量で第5位に入ったことがあるほど、ビールが親しまれている国です。「ハイネケン」の他、「グロールシュ」や「アムステルダム」など、さまざまな人気銘柄があります。すっきりとしてフルーティーな味わいなので飲みやすく、ビールがあまり得意ではない人にもぜひ飲んでいただきたいビールが多いですね。

# まさにキング・オブ・ビア
# ～バドワイザー（アメリカ）

ビールの中でも「キング・オブ・ビア」と称される銘柄といえば、アメリカの「バドワイザー」をイメージする人も多いのではないでしょうか。

現在では、世界85カ国で親しまれているビールとして、日本でも愛飲している人がたくさんいます。

そんなバドワイザーが生産されたのは１８７６年のことです。ドイツ系移民の手によって、アメリカからスタートしました。

**醸造のこだわりとしては、通常20日要するところ、バドワイザーはじっくり丁寧に約30日かけているとのこと。また、専用の酵母や二条大麦麦芽などの材料を使うことによって、他にはないスムースな味を演出しています。**

## アメリカのプレミアムラガー

バドワイザーならではの洗練されたのどごしは、厳選された素材と伝統のビーチウッド（ぶなの木）製法から生まれています。のどごしがよいことに加え、ホップの適度な苦味もありますし、麦芽のコクもきちんと表現されています。

Q. アメリカではよくビールが飲まれているのですか？
A. 世界の主要国のビール消費量においては、中国に次いで第２位につけたこともあります。ただ、2024年２月の段階では過去最低水準になるなど、ここ最近は低迷しているようですね。それだけアルコール飲料が多様化していることに加え、クラフトビールの人気が一段落しているのでしょう。ただし、輸入ビールが人気になるなど、いまだに多くの人に飲まれていることには変わりありません。

## 多彩な中華料理に多彩なビール〜青島ビール（中国）

中国のビールにもさまざまなものがありますが、とくに日本人にも愛されているのが「青島（チンタオ）ビール」です。

青島は、中国山東省の地名（青島市）のことで、そこで１９０３年から製造されているのが青島ビールになります。

**世界１００カ国以上で飲まれており、中国でもっともポピュラーなビールブランドといっても過言ではありません。**

さて、そんな青島では、１８９８年にドイツの租借地となった経緯があります。その際、産業振興という目的でビールの技術が伝わったそうです。

まさに、ビール大国ともいわれるドイツらしいエピソードですね。

１９０３年にはドイツの投資家によってビールの製造が開始されているため、そこから青島ビールの歴史がはじまることとなります。

## 中華料理を邪魔しないすっきり味

中国国内に65の工場を有するなど、青島ビールの輸出量は中国一といわれています。定番のアメリカンスタイルのラガーだけでなく、プレミアムビール、スタウト、さらにはIPAまでとりそろえています。

Q. 中国ではよくビールが飲まれているのですか？

A. 人口が多いこともあり、世界のビール消費量で第1位につけています。ただ、全体としては減少傾向にあり、その点ではアメリカと傾向が似ているかもしれませんね。それでも、世界の2割を中国が占めているともいわれており、日本の大手メーカーのビールも飲まれているようです。ちなみに、中国における人気（売り上げ）は、青島ビールよりも「華潤創業（華潤ビール）」のほうが上のようです。

## テレビ発のオールモルトビール
## 〜ハートランド（日本）

「テレビ発」として知られているオールモルトビール「ハートランド」は、日本のビールです。

テレビ発というのは、**かつて、キリンビールが提供していたテレビ朝日のグルメ番組「愛川欽也の探検レストラン」がきっかけとされているためです。**

当時は、テレビ朝日の直営レストラン「たべたか楼」でしか飲めないビールとして開発されていたのですが、１９８６年にビアホール「ハートランド」がオープンしてからはそちらでも飲めるようになったとされています。

その後、１９８７年には缶ビールの販売も行い、全国展開されたのですが、１９９１年に缶ビールの販売を終了し、現在では瓶と樽での提供のみとなっています。

## エメラルドグリーンの純国産

コンセプトにしているのは、「素（そ・もと）」。麦とホップと水という、ビールの「素」だけでつくられた純粋なビールです。原材料にこだわっているだけではなく、ボトルの色や形状、デザインも含めた全体でハートランドの世界観を生み出しています。

Q. ビールの瓶は似たような色のものが多いですが、何か理由があるのですか？
A. よく見かけるビール瓶の色は茶色が大半かと思います。その理由は、直射日光に当たることで風味が落ちてしまうのを防ぐためとされています。ハートランドのように緑色の瓶も同様の理由です。緑や茶色は紫外線の吸収率が高いです。ただし、完全に防いでくれるわけではないので、冷蔵庫や冷暗所に保管するのがベストですね。

# 黒スタウトの代表格～ギネス（アイルランド）

〝黒スタウト〟の代表格として有名なのは、やはりアイルランドの「ギネスビール」でしょう。濃い色みが印象的なビールとしてもよく知られていますよね。

そんなギネスが生まれたのは１７５９年のことでした。「アイリッシュ・パブ」の本場、アイルランドのダブリンで誕生したビールになります。

創業者であるアーサー・ギネスは、ダブリンにある醸造所を借り受けてギネスビールを生み出しました。当時、英国では「ポーター」と呼ばれる濃い色のエールビールが流行していたこともあり、それを研究することで独自のビールをつくったのですね。

誕生の背景としては、当時麦芽に税金がかけられていたこともあり、原料の一部に「焙煎大麦」を使用した結果、色の濃いビールになったようです。また**アルコール度数も高く、それが「スタウト（強い）」という名称にもつながっています。**

もちろん、味についても見た目を裏切りません。

## コク深くクリーミーな黒ビール

飲み口はビールならではの柔らかさがあるのですが、その香りはよくあるビールというよりコーヒーを彷彿させるなど、いわゆる「焦げ」感があります。それもそのはず、ギネスビールは大麦を焦がすことによって、その色と香りを引き出しているのです。

Q.「ギネス」といえば「ギネスブック」だけど、ビールと何か関係があるのですか？
A. ギネスブックは、過去にギネス社のディレクターが狩りのあとに交わした議論がもとになっているといわれています。その後、ギネスブックの版権が別の会社に移ったので関係は切れていますが、ギネス世界記録はいまだに知られていますよね。ギネスビールを飲むときには、そうした歴史があることを話題にしてみるのも面白いかもしれません。

# 立って飲むのがお行儀？～コロナ（メキシコ）

明るい色みと独特なデザインで、瓶のまま〝立って飲む〟イメージが強いのが、メキシコの「コロナ」ビールです。

コロナビールは、メキシコのビールメーカーである「グルポ・モデロ社」のビールで、世界180カ国以上で飲まれているといわれています。

液体の色みは、一般的なラガービールよりも少し薄い黄金色で、ピルスナータイプではありますがちょっと印象が異なりますよね。

**その味わいは軽く、ジョッキに注がずに瓶のまま「ラッパ飲み」するのが醍醐味《だいごみ》です。**

さらに特徴的なのは、**瓶の口から（8分の1に）カットしたライムを入れて飲むこと。そうすることで他のビールにはない爽快感と、独特の〝飲む楽しさ〟を演出しています。**

## ライムを浮かべた瓶で乾杯

アルコール度数はちょっと低めの4.5%。コロナのレシピが開発されたのは1925年のこと。翌年にはコロナビールの販売を開始しています。

Q. 南米ではどのようなビールが飲まれているのですか？
A. コロナビールをはじめ、「ネグラモデロ」「テカテ」「ヒナノ」など、さまざまな銘柄のビールが飲まれています。ブラジルでは日本と同じようにピルスナーが好まれていますが、一方でアルゼンチンでは「キルメス」が国内シェア75%を占めるなど、その国ごとに特徴がありますね。ちなみにキルメスは、サッカーアルゼンチン代表の公式スポンサーでもあります。

## 香り華やぐ、フルーティーな味わい。だから爽やか
## 〜ヒューガルデン（ベルギー）

フルーティーかつ爽やかな味わいで、多くの〝ビール通〟をうならせているのが、ベルギーの「ヒューガルデン」です。

その特徴は、**オレンジピールとコリアンダーシードを組み合わせた独特の苦味と清涼感、そしてホワイトビールならではのすっきりとした味わいです。**

「ベルジャンホワイト」に分類されるビールなのですが、まさに、「ビールだけどフルーティー」な味わいを楽しむことができます。

液体の色みは淡い黄色なのですが、少し乳白色が混じっているのが特徴で、もちろん泡の色はキレイな白です。

ブランドコンセプトは、「FIND YOUR MOMENT（わたしとヒューガルデン）」。インスピレーションに繋がるような新しい息吹を感じたい人にぜひおすすめのビールです。

## 500年のときを越えた白ビール

1445年に修道士たちがつくりはじめたヒューガルデン。特別なホワイトビールとして開発が進み、酸味を抑えるべく、スパイスやフルーツが加えられました。苦味とスパイシーな香りが楽しめるビールだけに、さっぱりしたチーズから、こってりした肉類まで合います。

Q. コリアンダーシードはどのようなものですか？
A. コリアンダーシードは、セリ科の植物の種子です。エスニック料理などによく使われる「パクチー」と同じ植物からとれる、スパイスの一種ですね。それを英語で「コリアンダー」といいます。ちなみに中国語では「香草（シャンツァイ）」です。甘くてさわやかな香りが特徴で、炒め物からスープまで、さまざまな料理に使われています。

## サッカーファンに愛されるビール
## ～カールスバーグ（デンマーク）

数あるビールの中でも、とくに〝サッカーファン〟に愛されているビールといえば、やはりデンマークの「カールスバーグ」でしょう。

なぜサッカーファンに愛されているのかというと、**イングランド・プレミアリーグ「リヴァプールFC」のスポンサーを長年務めているから**です。

ちなみに、イングランド代表のスポンサーも務めており、ウェンブリースタジアムの創立パートナーでもあります。

また、カールスバーグは１８４７年にデンマークで誕生し、その**ロゴマークには王冠が用いられており、これはデンマーク王室御用達の証し**です。

現在では、約１５０カ国で愛されており、同社は世界でも有数のビール会社となっています。

## デンマーク王室御用達

カールスバーグが日本に上陸したのは1986年のことで、それ以来サントリーが販売しています。ホームページによると、ホップには世界共通のカールスバーグオリジナルアロマホップエキスを一部使用しているとのこと。ホップの香りが楽しいです。

Q. サッカーとビールには何か関係があるのですか？
A. とくに海外ではパブなどでスポーツを観戦するケースが多く、そこでまず飲まれるのがビールですね。もちろん、スタジアムに行く前にパブに寄ってビールを飲んでから観戦する人もいます。そのため、ビール会社がスポンサードしているケースも多く、サッカーとビールは相性がよいのかもしれません。もちろん、サッカー以外のスポーツでも、ビールがあるとより楽しめますよね。

# 暑いから飲みたい。辛いから飲みたい
# ~シンハー（タイ）

タイのビールとして有名なものに「シンハー」があります。これは、「暑いから飲みたい！」「辛いから飲みたい！」というタイならではのビールの代表格です。

日本でもタイビールの大定番として広く知られているので、ご存じの人も多いのではないでしょうか。

また、**エスニック好きが選ぶビールのナンバーワンとしても知られています。エスニックレストランなどで見かけることが多く、料理との相性も抜群です。**

そんなシンハーが製造されたのは１９３３年のこと。タイでは初めて製造されたビールとして知られています。

本場ドイツの技術を使っているのですが、由緒あるプレミアムビールとしてタイの人にはもちろん、現在では世界50カ国の人に愛されています。

また、王室にも認められたビールという意味では、前述のカールスバーグと同じですね。過去には、〝世界の一流ビール５００〟にも選ばれました。

### タイビールの代表格

タイの王室にも認められ、「世界の一流ビール500」に選ばれたこともあります。ラベルのデザインも特徴的で、瓶の首のところにはタイ王室お墨つきの印「神鳥ガルーダ」の紋章が描かれています。タイでは氷を入れて飲むのが一般的。

Q. タイではどんなビール飲まれているのですか？
A. タイではシンハーの他、「チャーン」や「リオビール」などがよく飲まれています。氷を入れて飲むのが特徴ですが、必ず入れなければならないわけではありません。また、言い伝えとして、「お酒と一緒にドリアンを食べてはいけない（死亡する）」とされています。これは、ドリアンに含まれる成分がアルコールの分解を邪魔するためといわれているのですが、科学的な根拠はないようです。

# 名実ともに世界に輸出〜ベックス（ドイツ）

ビール大国としても知られているドイツのうち、名実ともに世界に輸出されており、多くの人に飲まれているのが「Beck's（ベックス）」です。

**現在では、約90カ国で販売されているとされ、世界でもっとも飲まれているドイツビールの一つとなります。**

販売が開始されたのは１８７４年ですが、１８７６年にフィラデルフィアで金賞を受賞したこともあり、ラベルには「１８７６」の年号も刻まれています。

ちなみに、鍵のマークがあしらわれていることから、「Schlüsselbier（鍵ビール）」もしくは英語で「Key Beer」としても親しまれています。

ベックスを生み出したのは、「Kaiser brewery（カイザール　ブラウライ）」という醸造所で、醸造家であるハインリッヒ・ベックが創業しました。

爽快なキレは、日本人にもなじみがあるかもしれませんね。全体としてはクリアですが、のどごしもしっかり体感できるビールです。

見た目はいわゆる黄金色で、発色もキレイですし、白みを帯びた泡とのバランスもビールらしいビール、という印象。ただし、泡は一般的なラガーと同じで消えやすいです。

飲んだときの感じとしては、やはりホップの香りと苦味が感じられます。その点、ビールが苦手な人にも飲みやすいわけではないのですが、王道のビールとして炭酸が強く、かつ飲み終えたあとの余韻を楽しみたい人にはおすすめです。

Q. 日本で飲めるドイツビールにはどのようなものがありますか？

A. ベックス以外にも、「レーベンブロイ」や「ラーデベルガー」「クロンバッハ」など、さまざまなドイツビールが販売されています。少し大きな酒屋では、いろいろ見つかると思うのでぜひ探してみてください。ただし、同じドイツビールでもエールとラガーでは味わいも特徴も大きく変わるので、よくわからない人は店員さんに聞きながら好みのものをチョイスするとよいでしょう。

# 日本で食べられるビールに合うおつまみ3選

日本と世界のビールについて簡単に紹介したところで、ビールに合う〝おつまみ〟もチェックしていきましょう。

**ビールと料理の組み合わせを、一般に「(ビール)ペアリング」というのですが、おつまみを選ぶときに重要なのはやはり〝相性〟です。**

ここでは、とくに日本でも飲まれている一般的なピルスナータイプを念頭において、おすすめのおつまみを3つピックアップしてみました。

①餃子：香川県「ぎょうざ屋」

香川県の餃子専門店「ぎょうざ屋」で、料理は餃子のみ。それだけに餃子にはこだわっており、野菜がたっぷり入った薄皮の焼き餃子は多くの人がやみつきになっています。

②唐揚げ：東京「PERFECT BEER」

　手前みそにはなりますが、私が経営している「PERFECT BEER」の唐揚げは、まさにビールをおいしく飲むために提供されているもので、ビールとの相性には自信があります。

③ポテト：東京・浅草「Frites Bruges（フリッツ・ブルージュ）」

　同店では、本場ベルギーフリッツならではの製法を忠実に守っており、日本各地から厳選したジャガイモを店内で仕込み、二度揚げしています。過去には、「マツコの知らない世界」（ＴＢＳテレビ）にも出たことがあるほどの名店です。

Q. ビールのペアリングではどんなことに注意したらよいですか？

A. 基本的には好みで選んで構わないのですが、例えばそのビールが生まれた国や地域、原料、さらには見た目や香りなどをヒントにチョイスしてみるとよいでしょう。ワインのようにあまり厳密に考えるのではなく、遊び心をもっていろいろな料理を合わせてみると、意外な組み合わせが発見できるかもしれません。具体的には、外国製のビールと和食も意外に合ったりするものです。

あとがき

# 父親の趣味はカメラとクルマとビール

本書を最後までお読みいただき、誠にありがとうございました。

ビールのことを知っていただくとともに、よりおいしい飲み方について少しでもご理解いただけたら、著者としてうれしい限りです。一人でも多くの人が、とってもおいしいビールを飲めるようになること。それが私の幸せでもあります。

私とビールとの出会いは子ども時代でした。父が好きだったのは「カメラ」「クルマ」「ビール」。それらを３人のきょうだいで引き継いだのです。兄は精密機器メーカーに就職し、姉はクルマのモーターを扱う会社で働いています。そして末っ子の私は、３つ目の「ビール」を職業にしています。

今でも脳裏には、父がおいしそうにビールを飲んでいる姿が目に焼きついています。そして父以上に、私自身がビールをこよなく愛し、そのおいしさを伝えるべく日々奮闘しています。

## 「ビール道」を極めたい

私は柔道、剣道、弓道に準じる〝道〟を極める作法として、「ビール道」をつくりたいと考えています。

私自身、高校と大学時代には弓道に打ちこんでいました。弓道には、呼吸と間合いが一体化した動作が不可欠。０・０１秒のタイミングで的を射抜く、絶対的な精神性が必要とされるのです。

すべての武道には「道を究める」という目的があります。私が考えるビール道の極意も、「わが道を究める」ことが目的です。そのためには、より多くの人にビール本来のおいしさを知っていただく必要があります。

# 最高のビール体験で人生は豊かになる

私が代表を務める「株式会社PERFECT BEER」では、次のような経営理念を掲げています。

〝最高のビール体験〟で、人生をもっと豊かに。

この理念を実現するために、次のような考え方で店舗を運営しています。

「仕事終わりに一人で缶ビールを飲むより、人と話しながらおいしいビールを飲めばコミュニケーションが生まれ、新しい世界が広がる。人生が豊かになる。人のつながり、新しい価値観にも出会える。働く人もたくさんのお客様と出会える。他のお客様や店員と仲よくなれる。その中心にはビールがある。そんなコミュニティーとしての場になること」

それだけでなく、店舗では「店員に1杯おごれるレベル」などのサービスを展開したり、月額２５８０円でビールが何杯でも半額になるサブスクもスタートするなど、ビールを提供する店として「サードプレイス」になれるよう工夫を重ねています。

そして私の夢は、全国３００店舗の出店、47都道府県制覇を経て、日本を代表するビールメーカーをつくることです。

それもすべて、本当においしい最高のビール体験を、一人でも多くの人にお届けするため。夢の達成に向けて、私は今なお、おいしいビールを追求し続けています。

本書もその一環です。本書を通じて、おいしいビールに出会う人がもっと増えてくれたら、著者として望外の幸せです。

最後になりましたが、この場を借りてお礼をお伝えさせてください。

本書の制作におきましては、春陽堂書店の三宅川修慶さん、天才工場の吉田浩さん、編集協力の山中勇樹さん、大川朋子さん、奥山典幸さんにお世話になりました。

また、日頃より支えてくれている家族のみんな、共に働いてくれているスタッフ、お店をご愛顧くださるお客様、関わってくださるすべての方に感謝いたします。

## 藤沼正俊（ふじぬま まさとし）

株式会社PERFECT BEER代表取締役。キリンビールマーケティング株式会社（現・キリンビール株式会社）に勤務後、クラウドファンディングで資金を募り独立起業。2021年にビール専門店「PERFECT BEER GARDEN TOKYO」を東京の門前仲町にオープン。現在は直営店4店舗、フランチャイズ店11店舗まで事業を拡大させている（2024年2月現在）。

装丁・本文デザイン・イラスト／野村和也
イラスト／山中貴義、渡邊有沙
編集協力／天才工場（吉田浩）　山中勇樹、大川朋子、奥山典幸
編集担当／三宅川修慶（春陽堂書店）



# パーフェクトビアの社長《しゃちょう》が教《おし》える
# ビールを最高《さいこう》においしく飲《の》むためのルール

2024年3月27日　初版第1刷発行

著　者／藤沼正俊《ふじぬままさとし》
発行者／伊藤良則
発行所／株式会社春陽堂書店
〒104-0061　東京都中央区銀座3丁目10-9　KEC銀座ビル
電話 03-6264-0855（代表）
印刷所／ラン印刷社


ISBN 978-4-394-38008-5